浙江省高职院校"十四五"重点立项建设教材

工业机器人操作与编程

尤光辉　祝洲杰　主　编

汪林俊　蒋立正　胡冬生　副主编

清华大学出版社

北　京

内 容 简 介

本书由长期从事工业机器人教学的一线教师编撰而成，以 ABB 工业机器人为载体，按照"项目导入、任务驱动"的理念，充分结合工业机器人的典型应用场景，讲解工业机器人操作及程序编写方面的知识。本书内容全面、实操性强，每个项目被分解为若干任务，每个任务通过"知识目标—任务描述—知识准备—任务实施—任务评价"的层级进行递进式编写，并配备了丰富的微课、动画、课件和习题等数字教学资源。本书紧跟工业机器人技术的最新发展趋势，注重理论与实践的结合，培养学生掌握工业机器人编程与操作、系统集成等相关基础知识的能力，使得学生能够针对具体的应用任务进行分析和解决问题，提高在工业自动化领域的应用水平。

本书适用于高等院校工业机器人技术专业、智能制造装备技术专业、机电一体化专业、电气自动化专业、机械设计及自动化专业、数控技术专业，以及其他相关专业的教师和学生使用，也可作为相关行业的培训教材，还可供相关行业人员参考。

图书在版编目(CIP)数据

工业机器人操作与编程 ／ 尤光辉，祝洲杰主编.

北京：清华大学出版社，2025.7. -- ISBN 978-7-302-69657-5

Ⅰ . TP242.2

中国国家版本馆 CIP 数据核字第 2025WU4098 号

责任编辑：刘金喜
封面设计：范惠英
版式设计：思创景点
责任校对：成凤进
责任印制：沈　露

出版发行：清华大学出版社
　　　　网　　　址：https://www.tup.com.cn，https://www.wqxuetang.com
　　　　地　　　址：北京清华大学学研大厦 A 座　　　　　　　邮　　编：100084
　　　　社 总 机：010-83470000　　　　　　　　　　　　　　邮　　购：010-62786544
　　　　投稿与读者服务：010-62776969，c-service@tup.tsinghua.edu.cn
　　　　质 量 反 馈：010-62772015，zhiliang@tup.tsinghua.edu.cn
印 装 者：三河市铭诚印务有限公司
经　　销：全国新华书店
开　　本：185mm×260mm　　　　　印　　张：18　　　　字　　数：427 千字
版　　次：2025 年 8 月第 1 版　　　印　　次：2025 年 8 月第 1 次印刷
定　　价：59.80 元

产品编号：098152-01

前　　言

随着我国经济结构转型、产业结构升级的新常态，制造业正加速从"制造"向"智造"的模式转变。党的二十大报告提出，坚持把发展经济的着力点放在实体经济上，推进新型工业化，加快建设制造强国。工业机器人产业是衡量一个国家制造业水平和科技水平的重要标志，是加快我国工业转型升级的务实之选，是实现自动化生产、提高社会生产效率、推动企业发展的有效手段。编者通过前期广泛调研，针对现阶段机电类专业人才培养的社会需求，编写了满足岗位任务要求、符合行业发展需要且可共享的教材，为专业人才的培养做出自己的努力。

本书以工业机器人的基本操作以及典型应用案例为研究对象，按项目任务导向进行教材开发，具备典型的校企双元教材特色，充分结合典型工业机器人应用场景，可操作性强；采用信息化和项目式案例方式，通过"知识目标—任务描述—知识准备—任务实施—任务评价"的层级进行编写，并配备可视化资料及习题；将每个知识点都嵌入任务中，确保教学过程实现理论与实践的结合，使学生掌握工业机器人操作、编程、调试及应用方法，全面培养学生解决实际问题的能力。

本书适用于高等院校智能制造工程技术、装备智能化技术、工业机器人技术、智能制造装备技术、机电一体化、电气自动化、机械设计及自动化、数控技术等专业以及其他相关专业教师和学生使用，也可供相关行业人员参考。

本书针对工业机器人编程应用知识要点，一共分为六个项目，项目一介绍工业机器人基本操作，包括工业机器人的认知、简单操作示教器和基本运动手动操作；项目二介绍工业机器人重要数据设定，主要对工具数据 tooldata、工件数据 wobjdata、有效载荷 loaddata进行设定；项目三介绍工业机器人 I/O 通信配置，包括对工业机器人通信总线及 I/O 板、I/O信号，以及其关联、仿真及测试的配置设定；项目四介绍工业机器人绘图项目编程与操作；项目五介绍工业机器人搬运项目编程与操作；项目六介绍工业机器人码垛项目编程与操作。

本书内容简明扼要、图文并茂、通俗易懂，适合从事工业机器人操作的人员使用。全书由浙江机电职业技术大学尤光辉、祝洲杰主编，汪林俊、蒋立正、胡冬生副主编，赵彦微、周首臻、陈宇杰参与编著。

本书教学课件、补充习题和扩展试卷可通过扫描右侧二维码下载，微课视频可通过扫描书中二维码观看。

教学资源

在此感谢为本书的撰写提供宝贵意见的专家老师，由于编者学术水平有限，书中难免存在不妥之处，敬请广大读者提出宝贵的意见和建议。

服务邮箱：476371891@qq.com

编　者

2025 年 1 月

目　　录

项目一
工业机器人基本操作

任务一　认识工业机器人

🔍 知识目标

- 了解工业机器人的发展概况及概念；
- 了解工业机器人的主要类型及技术参数；
- 了解工业机器人的应用场景。

🔍 任务描述

　　本任务的主要内容是通过查阅文献资料、现场参观等方式了解工业机器人的定义、发展概况、主要类型、基本参数及应用场合，为后续对工业机器人应用技术的学习打下坚实的基础。

任务描述

🔍 知识准备

一、工业机器人的发展概况及概念

　　工业现场的机器人最早出现在 1959 年，美国发明家乔治·德沃尔(George Devol)与约瑟夫·英格伯格(Joseph F·Engelberger)联合发明了世界上第一台工业机器人——尤尼梅特(UNIMATE)，它是一种由液压驱动的机器手臂，如图 1-1 和图 1-2 所示。随后，他们成立了世界上第一个机器人制造工厂——Unimation 公司，由于英格伯格对工业机器人的研发和宣传，他也被称为"工业机器人之父"。

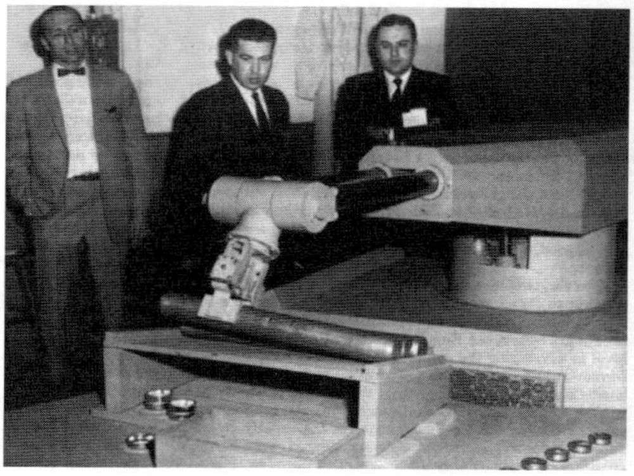

图 1-1 德沃尔与英格伯格

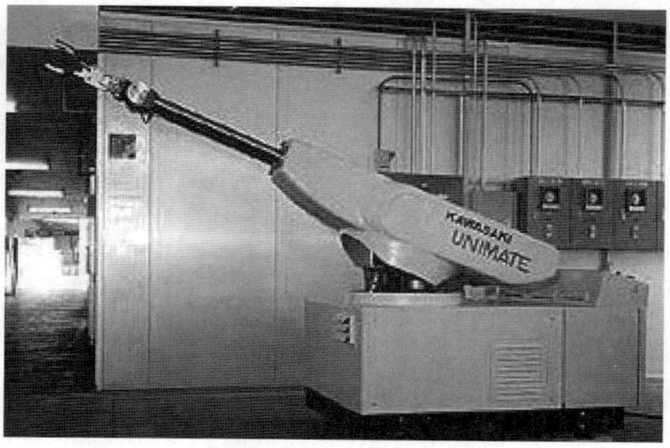

图 1-2 尤尼梅特

　　1962 年，美国机械与铸造公司也制造了工业机器人，称为"沃尔萨特兰(VERSTRAN)"，意为"万能搬动"。"尤尼梅特"和"沃尔萨特兰"成为世界上较早的、至今仍在使用的工业机器人。1973 年，ABB 公司生产的 IRB-6 工业机器人是第一个革命性的系列机器人产品，它采用纯电气驱动，由微型计算机编程和控制，配有视觉和触觉传感器，是当时技术较为先进的机器人。同年，日本山梨大学的牧野洋教授研制成具有平面关节的 SCARA 型机器人，如图 1-3 所示。

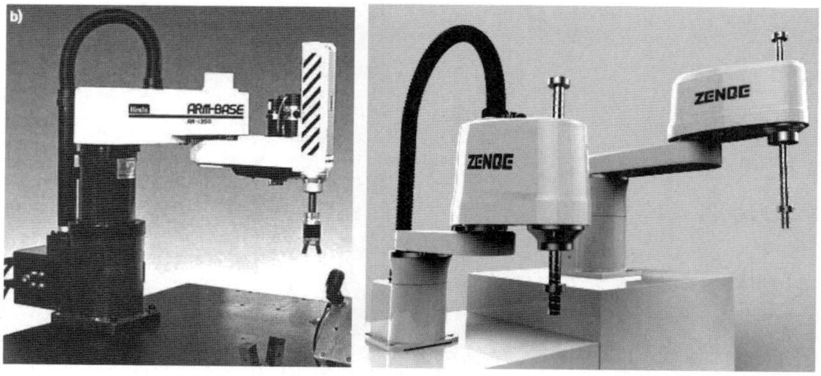

图 1-3 SCARA 型机器人

　　20 世纪七八十年代，这一时期的技术相较于此前有很大进步，工业机器人开始具备一定的感知功能和自适应能力，能够进行离线编程，并根据作业对象的状况改变作业内容。随着技术的快速发展，这一时期的工业机器人还突出表现为商业化运用迅猛发展的特点，工业机器人的"四大家族"——库卡、ABB、安川、FANUC 公司分别在 1974 年、1976 年、1978 年和 1979 年开始在全球范围内布局。

　　工业机器人是一种面向工业领域的多关节机械手或多自由度的机器装置，它能够自动执行工作，靠自身动力和控制能力来实现各种功能。1987 年，国际标准化组织对工业机器人进行了定义：工业机器人是一种具有自动控制的操作与移动功能，能完成各种作业的可编程操作机。工业机器人由操作机(机械本体)、控制器、伺服驱动系统和检测传感装置构成，是一种仿人操作、自动控制、可重复编程、能在三维空间完成各种作业的机电一体化的自动化生产设备。

二、工业机器人的基本分类

工业机器人的分类方式有很多种，国际上关于机器人的分类目前也没有统一的标准，有的按照负载重量划分，有的按照控制方式划分，有的按照应用领域划分，有的按照坐标系形式划分。

本书将介绍不同坐标系形式的工业机器人，如直角坐标型机器人、圆柱坐标型机器人、球坐标型机器人、关节坐标型机器人和并联机器人。

工业机器人的基本
分类微课视频

1. 直角坐标型机器人

直角坐标型机器人是最简单的机器人。该型机器人由 3 个互相垂直的直线移动关节组成，可沿着 X、Y、Z 轴运动，是一种三自由度的机器人。直角坐标型机器人虽然结构简单、控制容易，可达到较高的位置精度，但其操作范围小、灵活性差。直角坐标机器人的示意图及实物图如图 1-4 和图 1-5 所示。

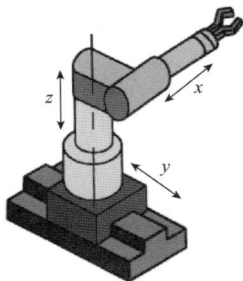

图 1-4　直角坐标型机器人示意图

图 1-5　直角坐标型机器人实物图

2. 圆柱坐标型机器人

圆柱坐标型机器人是一种能在圆柱坐标系内运动的机器人，该型机器人有两个直线移动关节和一个转动关节，其工作范围呈圆柱形状，由 z、ϕ 和 x 三个坐标组成坐标系，其中 x 为手臂的径向长度，ϕ 是手臂的角位置，z 是垂直方向上手臂的位置。如果机器人手臂的径向坐标 x 保持不变，那么机器人手臂的运动将形成一个圆柱表面。它的立柱安装在回转机座上，水平臂可以自由伸缩，并可沿立柱上下移动。圆柱坐标型机器人具有较大的工作范围和较高的运动速度，但随着水平臂沿水平方向伸长，线位移分辨精度逐渐降低。它的手臂至少有一个反转关节和一个棱柱关节，运动学模型简单直观，适用于开口较大的作业场景。圆柱坐标型机器人的示意图及实物图如图 1-6 和图 1-7 所示。

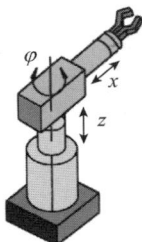

图 1-6　圆柱坐标型机器人示意图

图 1-7　圆柱坐标型机器人实物图

3. 球坐标型机器人

球坐标型机器人又称为极坐标型机器人，采用球坐标系。球坐标型机器人手臂的运动由一个直线运动和两个转动组成。球坐标型机器人占地面积小、覆盖工作空间较大、结构紧凑、位置精度尚可，但避障性差、有平衡问题，而且坐标系复杂，难于控制。世界上第一台工业机器人尤尼梅特(UNIMATE)就是球坐标型机器人。球坐标型机器人的示意图及实物图如图 1-8 和图 1-9 所示。

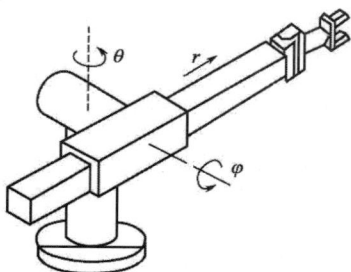

图 1-8 球坐标型机器人示意图

图 1-9 球坐标型机器人实物图

4. 关节坐标型机器人

关节坐标型机器人也称为关节手臂机器人或关节机械手臂，是当今工业领域比较常见的工业机器人形态之一。关节坐标型机器人具有很高的自由度，适用于几乎任何轨迹或角度的工作，操作灵活性好，运动速度快，操作范围大，但精度受机器人本体手臂位姿的影响，实现高精度运动较困难。

关节坐标型机器人的关节可以是回转关节，也可以是移动关节。六自由度工业机器人(见图 1-10)的关节全都是旋转的，类似于人的手臂。

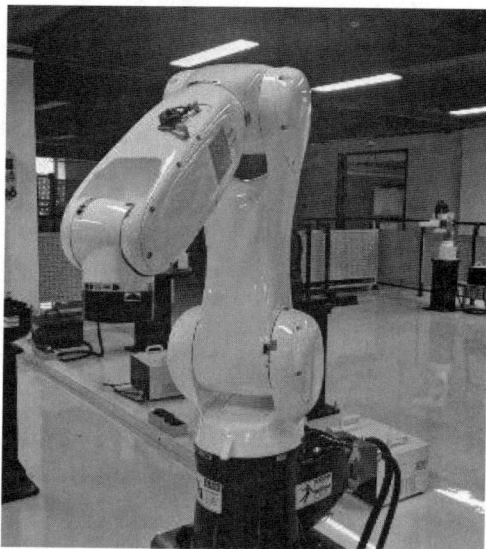

图 1-10 六自由度工业机器人

SCARA 机器人(见图 1-11)则是由一个移动关节和两个回转关节组成的，这类机器人的结构轻便，响应快，非常适用于平面定位和垂直方向的装配作业。

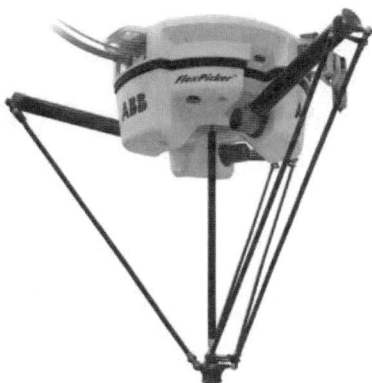

图 1-11　SCARA 机器人

5. 并联机器人

并联机器人是一种具有并行棱柱或旋转关节的机器人，由平行四边形连接构成，主要用于食品、制药和电子行业。该机器人末端可以精确且快速地移动，因此非常适用于进行拾取和放置操作。图 1-12 所示是一种 ABB 公司生产的四自由度的 IRB 360 并联机器人。

图 1-12　IRB 360 并联机器人

三、工业机器人的主要技术参数

工业机器人的技术参数是各个工业机器人制造商在生产和产品供货时所提供的技术参数，是工业机器人性能和特征的主要体现。通常描述工业机器人特征的技术参数有很多，主要的技术参数包括自由度、工作空间、工作速度、工作载荷、定位精度及重复定位精度等。

工业机器人的主要
技术参数微课视频

1. 自由度

自由度是指机器人末端所能达到的自由度数目，反映了机器人整体的灵活性，通常用机器人的关节数目来表示。工业机器人上的每一个关节都由一个单独的伺服机构控制，可以精准控制每个关节的运动量。六自由度工业机器人 PUMA 的自由度示意图如图 1-13 所示。

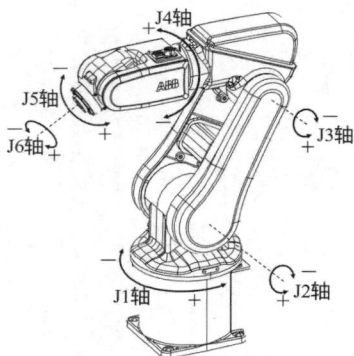

图 1-13　六自由度工业机器人 PUMA 的自由度示意图

2. 工作空间

工作空间是指机器人手臂或手部安装点所能达到的所有空间区域，不包括手部本身所能达到的区域。机器人所具有的自由度数目及其组合方式不同，导致其工作空间也不相同。人们在操作工业机器人时常用到自由度的变化量(即直线运动的距离和回转角度的大小)，自由度的变化量决定了工作空间的大小。工作空间一般由平面示意图表示，图 1-14 为 ABB 机器人 IRB120 的工作空间示意图。

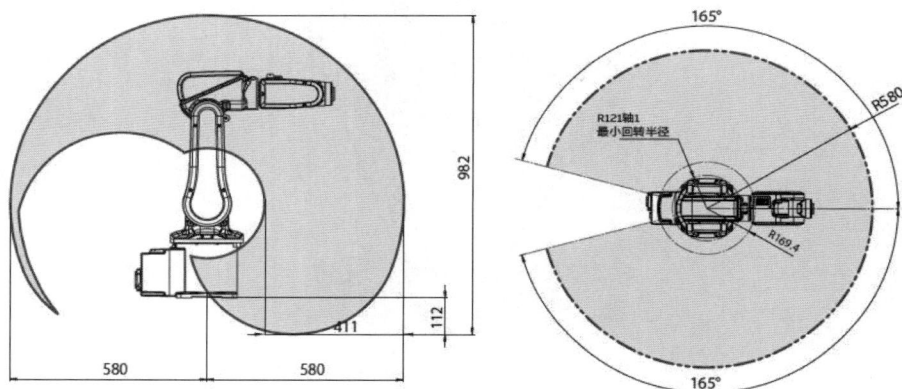

图 1-14　ABB 机器人 IRB120 的工作空间示意图

3. 工作速度

工作速度是指机器人在工作载荷条件和匀速运动过程中，机械接口中心或工具中心点在单位时间内所移动的距离或转动的角度。一般来说，运动速度是指机器人在运动过程中的最大运动速度。机器人的工作速度反映了机器人的作业水平和运动速度的快慢。机器人的运动速度与它的驱动方式、定位方式、抓取物体的质量和行程距离有关系。目前，工业机器人的最大直线速度为 1000mm/s 左右，最大回转速度为 120°/s 左右。

4. 工作载荷

工作载荷是指机器人在规定的性能范围内，机械接口处(包括手部)能承受的最大载荷。机器人载荷不仅与负载的质量有关，还受到机器人的运行速度、加速度的大小和方向的影响。此外，机器人载荷还要考虑末端操作器的质量。一般情况下，机器人在低速运行时的承载能力大。为了安全考虑，将机器人在高速运行时所能抓取的工件重量作为其承载能力的指标。机器人的有效负载大小不仅受驱动器功率的限制，还受杆件材料极限应力的限制，因而它又与环境条件、运动参数(运动速度、加速度，以及它们的运动方向)有关。

5. 定位精度及重复定位精度

工业机器人的精度可分为定位精度和重复定位精度。定位精度是指工业机器人在执行特定任务时，其末端执行器(如夹爪、焊枪等)能够精确地定位到指定位置的能力，它描述的是末端参考点实际到达的位置与所需要到达的理想位置之间的差距。重复定位精度是指在同一条件下，工业机器人使用相同方法重复执行定位任务，到达同一位置的误差度量。工业机器人的定位精度和重复定位精度都是评估其性能的重要指标。定位精度关注的是单次定位的准确性，而重复定位精度则更侧重于多次定位的一致性。

四、工业机器人的应用

工业机器人的应用非常广泛，主要应用在装备制造行业、汽车制造行业、电子电气行业、金属制品行业、橡胶及塑料行业和视频行业等领域，其中应用最广泛的领域是汽车制造业。

1. 工业机器人搬运应用

搬运机器人在实际应用过程中最为常见，机器人搬运可以大大减轻工人繁重的体力劳动，通过编程控制可以实现多台机器人配合不同工序进行工作。搬运机器人具有定位准确、工作节拍可调、工作空间大、运行平稳等特点，广泛应用在机器人机床自动上下料、自动装配流水线、码垛搬运等众多需要自动搬运的场景中。工业机器人搬运应用如图 1-15 和图 1-16 所示。

图 1-15　机床上下料机器人的应用　　　　　　图 1-16　码垛机器人的应用

2. 工业机器人装配应用

装配机器人是柔性自动化装配系统的核心设备，适用于大件、多品种、小批量的产品装配作业。装配机器人主要从事零部件的安装、拆卸及修复等工作。近年来，机器人传感器技术的飞速发展，使得机器人应用越来越多样化。装配机器人应用如图 1-17 所示。

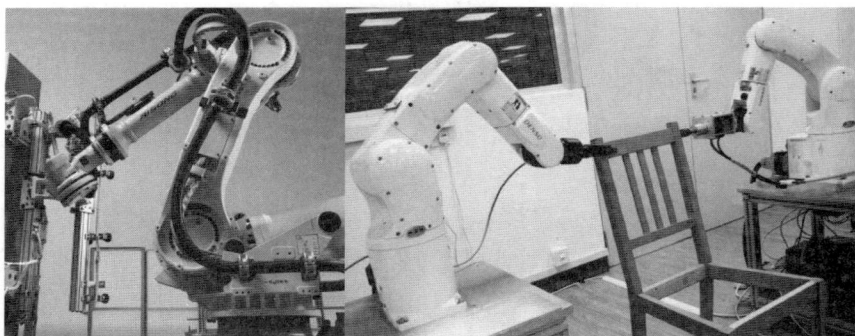

图 1-17　装配机器人应用

3. 工业机器人焊接应用

焊接机器人是在机器人终端轴的法兰上装接焊钳或焊(割)枪,用于进行焊接(包括切割与喷涂)等工业作业的机器人。焊接机器人的出现代替了人的手工焊接,减轻了焊工的劳动强度,同时也可以保证焊接质量,提高焊接效率。

机器人焊接应用的最大特点是柔性,即可通过编程随时改变焊接轨迹和焊接顺序,因此最适用于焊接被焊工件品种变化大、焊缝短而多、形状复杂的产品。弧焊机器人应用如图 1-18 所示。点焊机器人应用如图 1-19 所示。

图 1-18　弧焊机器人应用　　　　　图 1-19　点焊机器人应用

4. 工业机器人喷涂应用

工业机器人喷涂应用是指利用机器人灵活、稳定、高效的特点,代替人工进行喷涂,适用于生产量大、产品型号多、表面形状不规则的工件外表面涂装。喷涂机器人的广泛应用极大地解放了在危险环境下工作的劳动力,也极大地提高了汽车制造企业的生产效率,带来了稳定的喷涂质量,降低了成品返修率,提高了油漆利用率,减少了废油漆、废溶剂的排放,有助于构建环保的绿色工厂。喷涂机器人应用如图 1-20 所示。

5. 工业机器人打磨应用

抛光打磨是制造业中一道不可或缺的基础工序,工业机器人在这一制造工序中,有着极为广泛的应用。无论是打磨、抛光,还是去毛刺,如今都可以看到工业机器人忙碌的身影。打磨机器人主要用于进行工件的表面打磨、棱角去毛刺、焊缝打磨、内腔内孔去毛刺等工作。使用打磨机器人对于提高打磨质量和产品光洁度、保证其一致性、提高生产率、改善工人劳动条件等起到了良好的作用。打磨机器人应用如图 1-21 所示。

图 1-20　喷涂机器人应用

图 1-21　打磨机器人应用

任务实施

要求：通过学习、查找资料，以下面内容为要点，归纳并写一份 2000 字的调研报告。

项目	内容
国内外工业机器人发展对比	
工业机器人分类及基本参数	
国内工业机器人相关岗位	
国内工业机器人主要分布区域	
工业机器人应用领域	

任务评价

任务内容：认识工业机器人　　　　　　　测评人：

考核内容		标准分	实际得分
参观实验室	实验室的机器人品牌类型能否记录正确	10	
观看视频	视频中出现的机器人品牌类型能否记录正确	10	
调研报告	结合本地区调研，内容是否完整	70	
安全文明操作	进入实验室是否遵守安全规程	10	
总计		100	

习 题

一、填空题

1. 工业机器人的基本参数中，_____是指机器人手臂或手部安装点所能达到的所有空间区域。

2. 按照坐标形式划分，工业机器人有_____、圆柱坐标型、_____、关节坐标型和_____等工业机器人。

3. 工业机器人的精度可分为_____精度和_____精度。

4. 定位精度是指机器人末端参考点_____与_____之间的差距。

5. ABB IRB 460-110/2.4 工业机器人的手腕持重为_____kg，最大臂展半径为2.4m。

二、选择题

1. 工业机器人按用途可分为( )。

①装配机器人 ②焊接机器人 ③搬运机器人 ④智能机器人 ⑤喷涂机器人

    A. ①②③④   B. ①②③⑤   C. ①③④⑤   D. ②③④⑤

2. 重复定位精度参数的单位通常是( )。

    A. ±0.02mm   B. 10kg·m/s²

    C. 1500rpm   D. 20～80kHz

3. 哪种类型的ABB工业机器人最适合用于高速、高精度的定位与抓取任务？( )

    A. 直角坐标型   B. 圆柱坐标型   C. 关节坐标型   D. 并联型

4. 哪种类型的工业机器人的手部空间位置变化是通过三个互相垂直的直线移动来实现的？( )

    A. 直角坐标型   B. 关节坐标型   C. 圆柱坐标型   D. 并联型

5. 在以下哪个领域，ABB工业机器人的应用最为普遍？( )

    A. 农业耕作   B. 航空航天   C. 汽车制造   D. 餐饮服务

三、简答题

1. 工业机器人主要应用在哪些领域？请举例说明这些领域中的应用情况。

2. 工业机器人通常包括哪些技术参数？请解释这些参数对工业机器人性能的重要性。

3. 请在网络上搜索一款具体的工业机器人(如ABB的IRB 1200)，列举出该机器人的主要技术参数，并简要说明这些参数在实际应用中的意义。

任务二　简单操作示教器

知识目标

- 了解示教器的结构及界面功能;
- 掌握示教器的基本参数配置;
- 掌握系统备份与恢复操作。

任务描述

通过查阅工业机器人相关资料,观看相关视频,熟悉示教器的结构及按钮功能,掌握示教器的操作方法,能够配置示教器的基本操作环境。利用工业机器人基础应用平台(见图 1-22),简单操作示教器,主要任务包括以下内容:

(1) 通过操作示教器将工业机器人从手动模式切换到自动模式,并启动工业机器人程序;

(2) 通过操作示教器将工业机器人全局运行速度设为 35%,并将增量设置为"小"。

任务描述

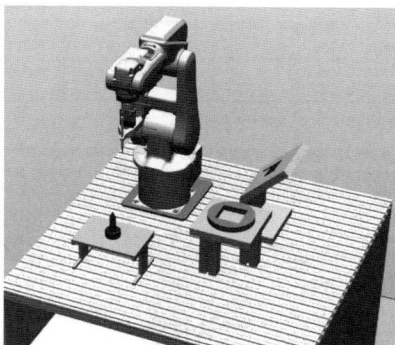

图 1-22　工业机器人基础应用平台

知识准备

一、认识示教器

示教器也称为示教编程器,主要由触摸屏和操作键组成,可由操作者手持移动,是机器人与操作者的人机交互接口。示教器是实现用户管理,进行工业机器人手动操作、程序编写、参数配置及监控的装置,具有工业机器人操作和编程所需的各种操作和显示功能。

示教器界面介绍
微课视频

ABB 机器人示教器 Flex Pendant 由硬件和软件组成,其本身就是一套完整的计算机。Flex Pendant 设备用于处理与机器人系统操作相关的许多功能,如运行程序、微动控制操作器、修改机器人程序等。示教-再现型机器人的所有操作均可通过示教器上的触摸屏来完成,所以掌握各个按钮的功能和操作方法是使用示教器操作机器人的前提。

1. 示教器外部结构

ABB 机器人示教器外观如图 1-23 所示。

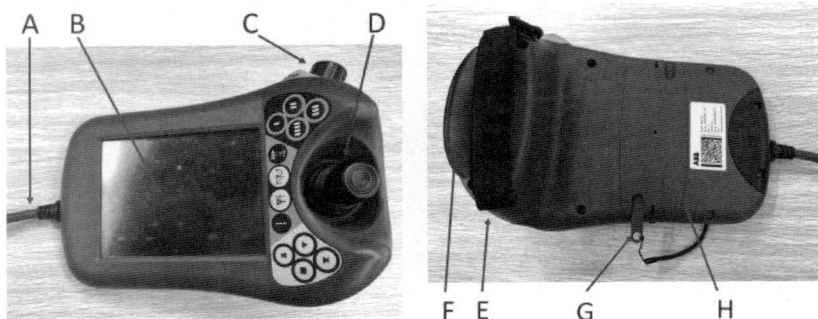

图 1-23　ABB 机器人示教器外观

图 1-23 中各字母的注释如表 1-1 所示。

表 1-1　ABB 机器人示教器外观图中的字母及注释

字母	注释	字母	注释
A	连接电缆	E	数据备份的 USB 接口
B	触摸屏	F	使能按钮
C	急停开关	G	触摸屏用笔
D	手动操作摇杆	H	示教器复位按钮

2. 示教器按钮

示教器上有 12 个专用按钮，各按钮的功能如表 1-2 所示。

表 1-2　示教器按钮功能

	可编程按钮
	选择机械单元
	切换移动模式(重定位或线性)
	切换移动模式(轴 1～3 或 4～6)
	切换增量
	启动按钮(开始执行程序)
	步退按钮(使程序后退一步)
	步进按钮(使程序前进一步)
	停止按钮(停止程序执行)

3. 手持示教器的方法

示教器按照人体工程学设计，左手握住示教器，右手操作，如图 1-24 所示。如果是左撇子，可以用右手握住示教器，左手操作。

4. 正确使用使能按钮及操纵杆

使能按钮分为两挡，在手动状态下，按下第一挡工业机器人将处于电机开启状态，按下第二挡工业机器人处于防护装置停止状态，示教器使能按钮如图1-25所示。

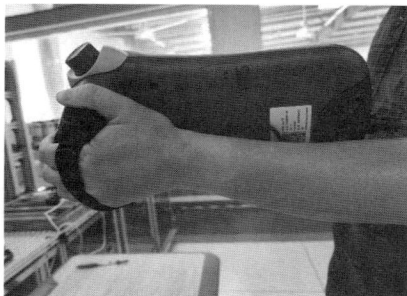

图 1-24　手持示教器的方法

(1) 使能按钮的作用。

① 使能按钮是工业机器人为保证操作人员人身安全而设置的按钮。

② 按下使能按钮，保持在"电机开启"的状态，才可以对工业机器人进行手动操作及程序编写与调试。

③ 当发生危险时，人本能地将使能按钮松开或按紧，则工业机器人会停止以保证安全。

(2) 操纵杆的使用。

示教器的操纵杆(摇杆)用于进行上下左右及斜角、旋转操作，共 10 个方向，如图 1-26 所示。斜角操作相当于相邻的两个方向同时动作。在操作摇杆时，要注意观察工业机器人的动作。

图 1-25　示教器使能按钮

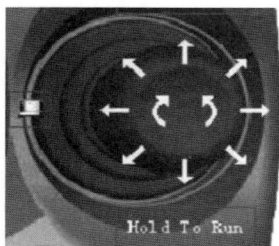

图 1-26　操纵杆

摇杆的操纵幅度与工业机器人的运动速度相关，幅度越小则工业机器人运动速度越慢，幅度越大则工业机器人运动速度越快。因此，在操作不熟练的时候尽量以小幅度操纵工业机器人运动。

严格来说，摇杆只具备上下、左右和顺逆时针 3 个自由度的动作。控制工业机器人动作时也对应 3 个自由度。轴动作时对应 1～3 轴或 4～6 轴，插补动作时对应 3 个位置自由度或 3 个旋转自由度。

5. 示教器主界面

示教器主界面如图 1-27 所示。

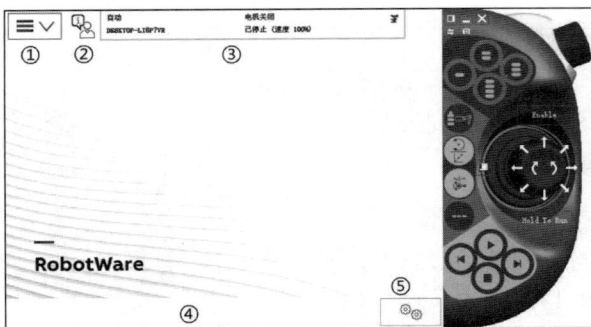

图 1-27　示教器主界面

① ABB 菜单；② 操作员窗口；③ 状态栏；④ 任务栏；⑤ "快速设置"菜单

(1) ABB 菜单。

ABB 菜单如图 1-28 所示。

图 1-28　ABB 菜单

(2) 操作员窗口。

操作员窗口显示来自机器人程序的消息。程序需要操作员做出某种响应，以应对继续工作时可能出现的情况。

(3) 状态栏。

状态栏显示机器人的状态(手动、全速手动、自动)、机器人的系统信息、机器人电机的运动状态、当前机器人或外轴的使用状态。

(4) 任务栏。

通过 ABB 菜单，可以打开多个视图，最多可以打开 6 个视图，但一次只能操作一个。任务栏显示所有打开的视图，并可以切换视图。

(5) "快速设置"菜单。

"快速设置"菜单显示手动操纵模式、程序执行的设置。

二、机器人系统的基本操作

1. 启动与关闭机器人

开机：在确认输入电压正常后，打开电源开关。

关机：在示教器的"重新启动"菜单中选择"关机"，然后再关闭控

机器人的关机与
启动微课视频

制柜上的电源开关。

注意：关机后需要等 2 分钟才能再次开启电源。

ABB 工业机器人系统的电源总开关、急停按钮、通电/复位按钮、机器人状态开关都位于控制柜上，如图 1-29 所示。

图 1-29 机器人控制开关

① 电源总开关；② 急停按钮；③ 通电/复位按钮；④ 机器人状态开关

单击示教器左上角的"主菜单"按钮，选择"重新启动"，再单击"重启"按钮，即可重新启动示教器，如图 1-30 所示。

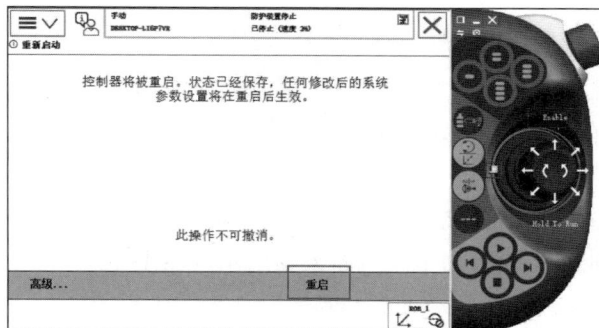

图 1-30 重启示教器

如果在选择"重新启动"后，单击"高级…"按钮，则进入如图 1-31 所示的界面，在该界面中可根据自己的需要选择对应的重启方式。

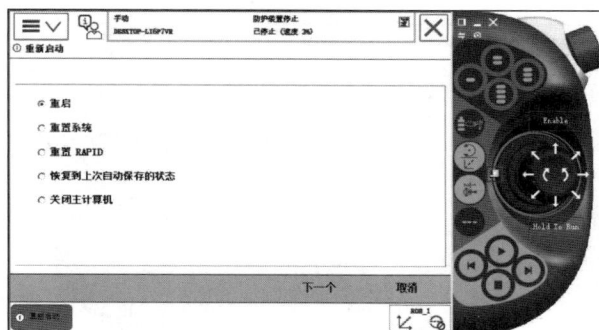

图 1-31 利用示教器重启机器人

工业机器人重新启动的类型分为 5 种，分别为重启、重置系统、重置 RAPID、恢复到上次自动保存的状态和关闭主计算机，如表 1-3 所示。

表 1-3　重新启动类型及说明

重新启动类型	说明
重启(热启动)	使用当前的设置重新启动当前系统
重置系统(I 启动)	重启并将清除当前的系统参数设置和 RAPID 程序
重置 RAPID(P 启动)	重启并将清除当前的 RAPID 程序和数据，但会保留系统参数设置
恢复到上次自动保存的状态 (B 启动)	重启系统之后将使用上次成功关机的映像文件的备份,这意味着在该次成功关机之后对系统所做的全部更改都将丢失
关闭主计算机	关闭机器人控制系统，并保存系统当前状态到映像文件中

2. 切换机器人运行模式

ABB 工业机器人有 3 种运行模式：自动模式、手动模式、手动全速模式。若要在示教器上进行编程、示教点位等操作，则必须切换为手动模式。机器人手动/自动运行开关如图 1-32 所示。

图 1-32　机器人手动/自动运行开关
① 自动模式；② 手动模式；③ 手动全速模式

快捷操作
微课视频

自动模式：用于正式生产，此模式下编辑程序功能被锁定。在自动模式下，能够自主移动，无需人工实时干预，通过使用 I/O 信号等方式远程控制机器人，同时有附加保护机制，可以确保安全。

手动模式：也称手动减速模式，该模式用于创建和调试工业机器人系统程序。在手动模式下，需要按下使能键才能启动工业机器人，用示教器手动运行工业机器人时，运行速度最高限制为 250mm/s。

手动全速模式：在此模式下，工业机器人可全速运行，常用于程序测试。手动全速模式只能用于所有人员都位于安全保护空间之外时且操作人员必须经过训练。

工业机器人状态开关位于控制柜上，在 RobotStudio 的虚拟示教器中，状态开关位于摇杆右侧，如图 1-33 所示。

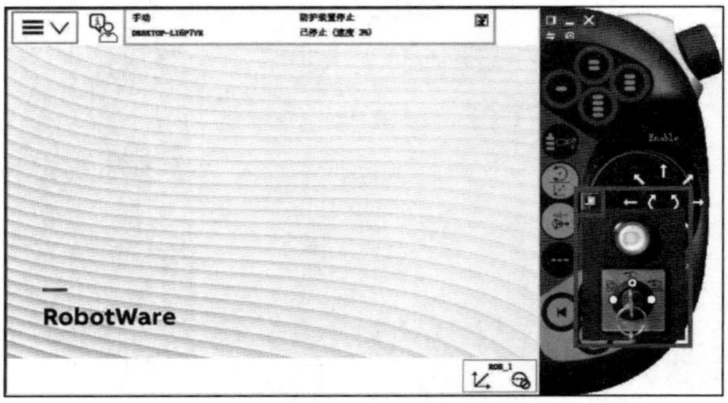

图 1-33　示教器的状态开关

外部启动模式：在自动模式基础上使用外部输入信号启动工业机器人程序，需要将外部输入信号绑定到系统的启动信号实现此功能。将工业机器人设置为自动运行模式，通过工作台操作面板上的外部启动按钮(绿色带灯按钮)启动工业机器人程序。

3. 设置机器人运行速度

工业机器人运行速度设置包括速度倍率设置和增量模式设置。速度倍率决定了机器人运行的最大速度百分比，而增量模式是用户根据任务需求微调工业机器人的运动速度和位置。速度倍率是工业机器人手动或自动运行时，相对于最大运行速度的百分比。通过合理设置速度倍率和增量值，可以确保工业机器人在运行过程中既安全又高效。在示教器状态栏可以查看当前速度，如图 1-34 所示。

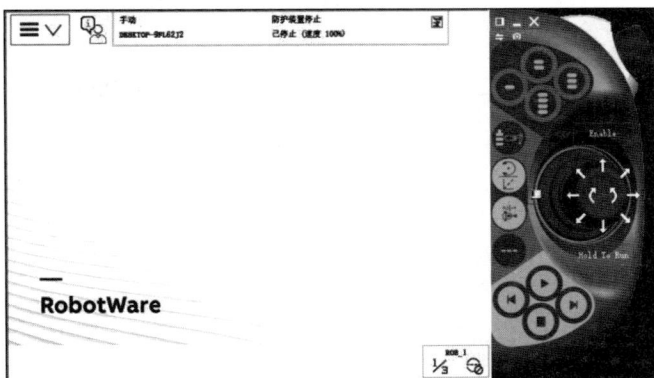

图 1-34　全局运动速度

在速度设置功能界面按照需要设定速度值，如图 1-35 所示。

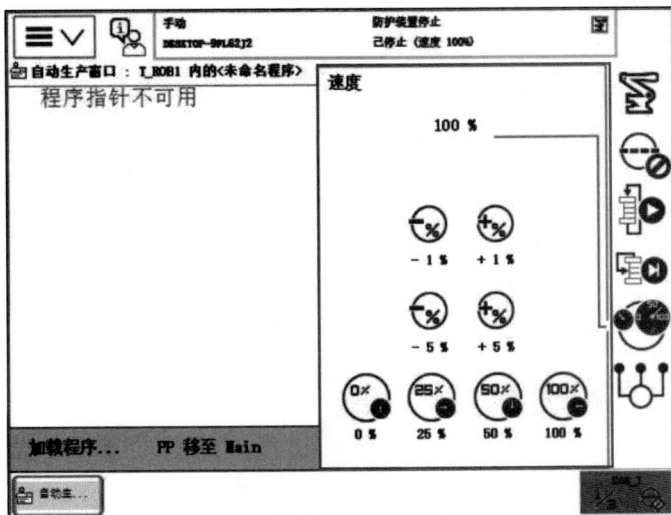

图 1-35　速度设置功能界面

−1%和+1%：以 1%为单位变化量增减速度值；

−5%和+5%：以 5%为单位变化量增减速度值；

0%、25%、50%和100%：直接将速度设置为对应值。

增量模式是一种用于控制工业机器人运动的特殊模式，其参数有无、小、中、大、用户模块，如图 1-36 所示。如果设置为无，则表示无增量。

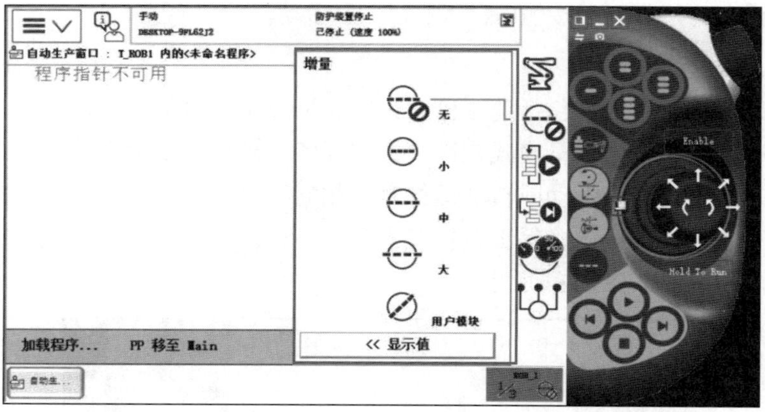

图 1-36　增量设置功能界面

4．工业机器人机械单元切换

常见的工业机器人一般为 6 轴，也就是单个本体。而在实际应用场景中，根据需要可对工业机器人附加额外轴，从而实现能够操作更大范围的工件或工作区域，这种附加轴称为外部轴。机器人的外部轴有很多种，运动类型可以为直线型、旋转型等，数量可以从 1 轴到 6 轴甚至更多。不同的轴数及运动类型组合可以形成多种结构各异的外部轴系统，这样的情况对于解决实际应用问题帮助巨大，但对使用者提出了更高的要求。

对于单机器人系统来说，仅有一个机械单元，也就是机器人本体，在状态栏右上角可以看到机器人的图标，如图 1-37 所示。

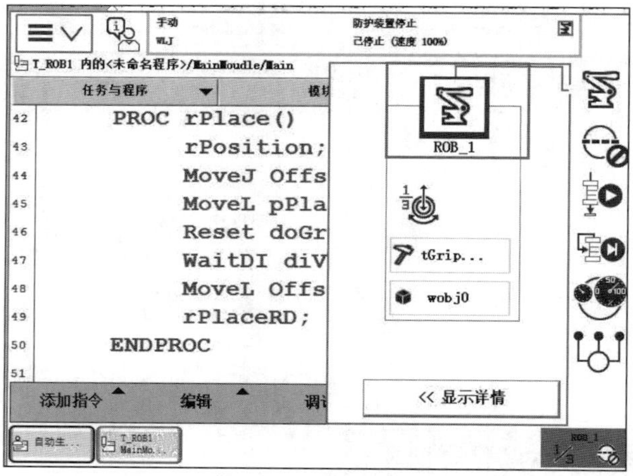

图 1-37　单机器人系统

而在多轴系统中，机械单元不止一个。如图 1-38 所示，工业机器人与一维轨道构成最简单的多轴系统。其中工业机器人安装在轨道的滑动平台上，可以实现工业机器人在轨道上移动，从而扩大了工业机器人的工作范围。在这样的系统中，操作工业机器人与轨道动作必然会涉及机构的切换。

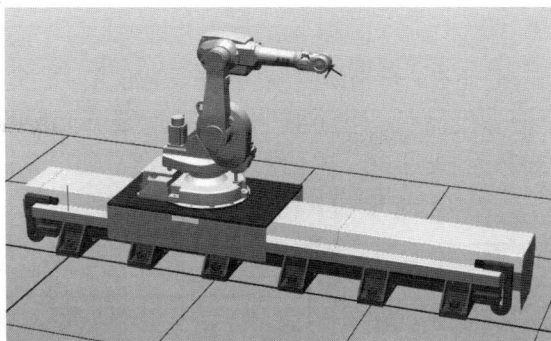

图 1-38　机器人外部轴

打开"快速设置"菜单，单击"机械单元设置"按钮，此时窗口中显示的是机器人本体与外部轴，根据需要选择对应的图标即可切换系统当前可操作的机械单元，而在状态栏与快速设置按钮的显示也会相应变更，如图 1-39 所示。

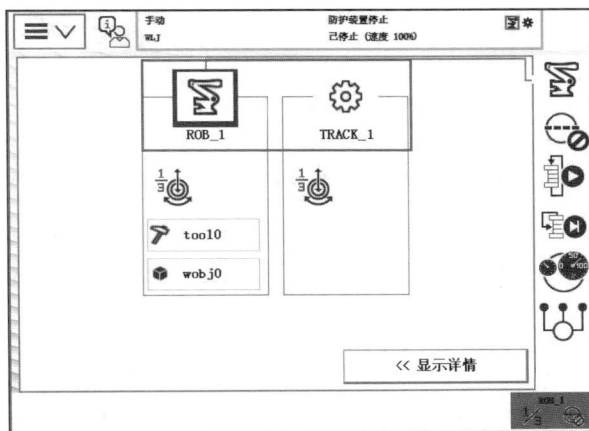

图 1-39　多机器人系统

除了使用"快速设置"的功能菜单可以切换，使用"机械单元切换"按钮(见图 1-40)也可实现相同功能。

图 1-40　"机械单元切换"按钮

5. 机器人系统的备份与恢复

机器人数据备份是对所有正在系统内存运行的 RAPID 程序和系统参数进行保存。当机器人出现数据错乱或重新安装系统后，可快速将备份好的数据恢复到机器人系统中，通过备份数据可以在短时间内让机器人恢复到备份前的工作状态。

机器人系统备份与
恢复微课视频

(1) 备份。

单击"主菜单"按钮，选择"备份与恢复"，单击"备份当前系统"按钮。默认名称构成为机器人系统编号+Backup+备份日期。图 1-41 中所示的"System1_Backup_20230930"表示"System1"的机器人在 2023 年 9 月 30 日的系统备份。通常使用默认名称保存备份即可，如果在单日需要多次备份，可以额外增加其他注释以便区别。

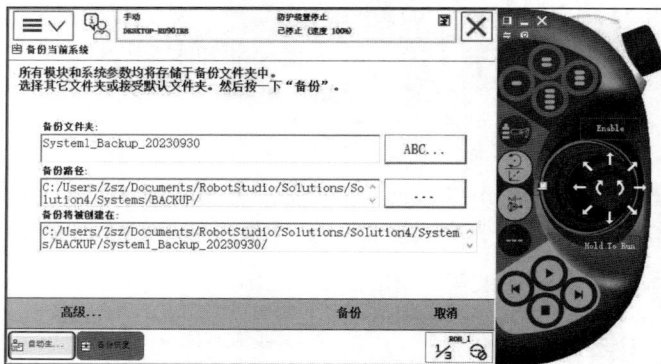

图 1-41　备份机器人数据

确定备份文件夹和备份路径后，单击"备份"按钮完成备份。备份文件如需保存在外部存储设备中，需要先将 USB 设备连接到示教器的 USB 接口。

(2) 恢复。

单击"主菜单"按钮，选择"备份与恢复"，单击"恢复系统"按钮，进入恢复界面，如图 1-42 所示。

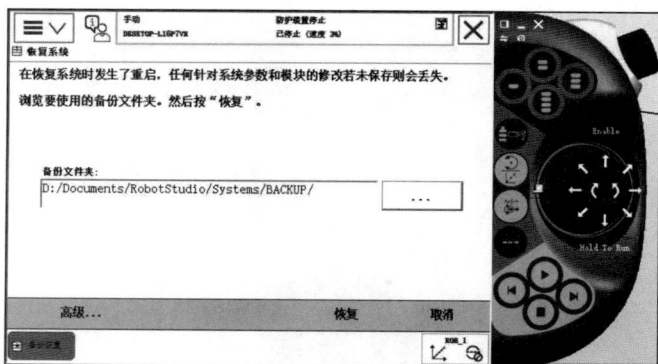

图 1-42　恢复机器人数据

选择要使用的备份文件夹后，单击"恢复"按钮即可恢复机器人系统。

🔍 任务实施

一、手动模式设定

通过操作示教器将工业机器人的启动模式从自动模式切换到手动模式，具体操作步骤及说明如表 1-4 所示。

表 1-4　手动模式设定的具体操作步骤及说明

操作步骤	操作说明	示意图
1	工业机器人运行模式可通过控制柜上的"模式选择开关"切换	
2	将"模式选择开关"顺时针旋转到右侧	
3	通过示教器查看机器人当前的运行模式,"手动运行模式"显示在示教器状态栏左上方	
4	手动使能后,单击示教器的"启动"按钮,即启动工业机器人程序	

二、自动模式设定

通过操作示教器将工业机器人的启动模式从手动模式切换到自动模式，具体操作步骤及说明如表 1-5 所示。

表 1-5 自动模式设定的具体操作步骤及说明

操作步骤	操作说明	示意图
1	将"模式选择开关"逆时针旋转到左侧	
2	通过示教器查看机器人的当前运行模式，"自动运行模式"显示在示教器状态栏左上方	
3	手动使能后，单击示教器的"启动"按钮，即启动工业机器人程序	

三、设定运行速度及增量

通过操作示教器将工业机器人运行速度设为 35%，并将增量设置为"小"，具体操作步骤及说明见表 1-6 所示。

运行速度设定及
增量操作视频

表 1-6　运行速度及增量设定的具体操作步骤及说明

操作步骤	操作说明	示意图
1	打开"快速设置"菜单	
2	单击"速度设置"按钮	
3	将速度值设定为 35% (单击"25%"按钮 1 次，再单击"5%"按钮 2 次)	
4	打开"快速设置"菜单，单击"增量"按钮，选择"小"增量选项，即完成设置	

任务评价

任务内容：简单操作示教器　　　　　　　测评人：

	考核内容	标准分	实际得分
工业机器人启动模式切换	手动模式切换为自动模式	10	
	自动模式切换为手动模式并启动程序	20	
工业机器人速度及增量设定	工业机器人速度设定为42%	20	
	增量设定为用户值1.5	10	
工业机器人系统备份及恢复	工业机器人系统备份	15	
	工业机器人系统恢复	15	
安全文明操作	是否遵守操作规程	10	
总计		100	

习　　题

一、填空题

1. 工业机器人有3种运行模式，分别是_____、_____和手动全速模式。

2. 工业机器人的I启动的含义是_____，P启动的含义是_____。

3. 根据实际应用对工业机器人增设附加轴来实现更大范围操作，此附加轴称为_____。

4. 工业机器人的增量模式包含了多个参数设置，有____、小、中、大和_____。

5. 工业机器人在发生意外或运行不正常等情况下，均可使用_____键使其停止运行。

二、选择题

1. ABB工业机器人在手动限速状态下，运动速度最高限制在(　　)。

　　A. 100mm/s　　　　　　　　　　B. 150mm/s

　　C. 200mm/s　　　　　　　　　　D. 250mm/s

2. 工业机器人在(　　)状态下可编辑程序。

　　A. 自动　　　　　　　　　　　　B. 手动限速

　　C. 手动全速　　　　　　　　　　D. 手动限速和手动全速

3. 重新启动当前系统后重装RAPID是(　　)启动。

　　A. 热启动　　　　　　　　　　　B. B启动

　　C. I启动　　　　　　　　　　　D. P启动

4. 关于ABB工业机器人的增量模式，以下说法正确的是(　　)。

　　A. 增量模式有"无、小、中、大"四种方式

　　B. 增量模式下工业机器人将始终以最大速度运行

　　C. 增量模式仅适用于线性运动

　　D. 增量模式下可通过微调实现工业机器人的运动速度和位置

5. 当工业机器人因为某种原因进入紧急停止状态时，应(　　)以恢复操作。

    A. 立即启动　　　　　　　　　　B. 释放紧急停止按钮并尝试重新启动

    C. 重置 RAPID　　　　　　　　　D. 重置系统

三、判断题

1. 工业机器人备份当前系统选项用于保存机器人当前的系统状态。　　　　　(　　)

2. 在自动模式下，工业机器人示教器上的使能器无效。　　　　　　　　　　(　　)

3. 工业机器人示教器摇杆的操纵幅度决定了工业机器人的运动速度，幅度越大则工业机器人运动越快，反之越慢。　　　　　　　　　　　　　　　　　　　　　　(　　)

4. 在工业机器人示教器中，无法查看机器人的实时位置信息。　　　　　　　(　　)

5. ABB 工业机器人开机后，必须先设置运行速度才能进行操作。　　　　　(　　)

任务三　基本运动手动操作

🔍 知识目标

- 掌握单轴运动的含义及操作；
- 掌握线性运动的含义及操作；
- 掌握重定位运动的含义及操作；
- 掌握转数计数器的更新操作。

🔍 任务描述

利用工业机器人基础应用平台完成以下任务，如图 1-43 所示。

(1) 通过单轴运动完成 IRB120 工业机器人系统的转数计数器更新，将第 5 轴设为 90°；

(2) 通过线性运动使得 IRB120 工业机器人沿"p10—p20—p30—p40"轨迹运动一圈；

(3) 通过重定位运动完成 IRB120 工业机器人在 p40 位置的定点转动。

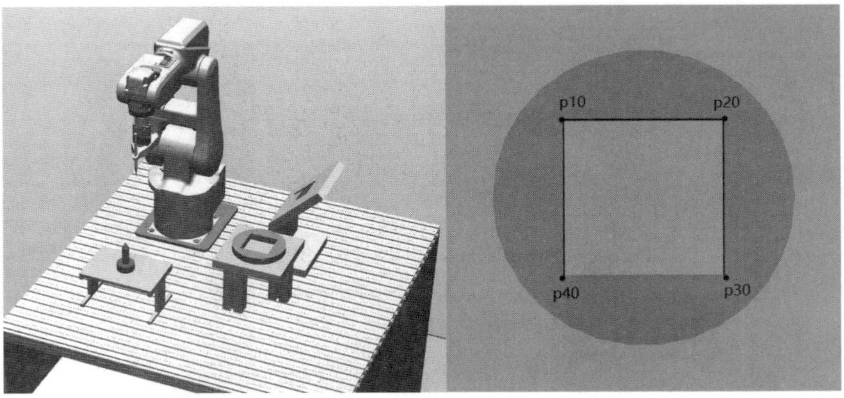

任务描述

图 1-43　工业机器人基础应用平台及任务对象

一、工业机器人的手动操作模式

工业机器人手动操作有 3 种模式：单轴运动、线性运动和重定位运动。下面介绍这 3 种模式的含义及操作。

单轴运动微课视频

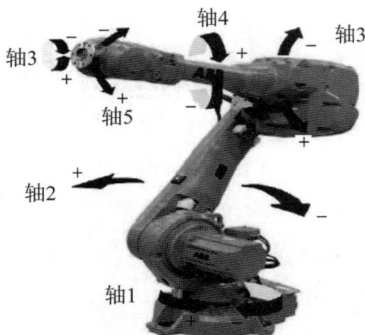

1. 单轴运动

ABB 工业机器人由 6 个伺服电动机分别驱动其 6 个关节轴，每次手动操纵一个关节轴的运动，称为单轴运动，如图 1-44 所示。该运动简单，易于控制和维护，定位精度高，适用范围广。

图 1-44　ABB 工业机器人关节轴 1～轴 6

在特定场合下，使用单轴运动控制显得尤为重要。这些应用场合包括但不限于以下几种。

(1) 工业机器人的运动过程出现"奇异点"，即在该点处机器人的某些轴无法进行线性移动，此时需要利用单轴运动使工业机器人能绕过奇异点，继续完成后续动作。

(2) 在工业机器人示教过程中，为了更精确地定位目标位置，经常需要对机器人的各个轴进行微调。

(3) 为实现转数计数器的更新，需通过单轴运动使得工业机器人各个轴回到零点位置。

打开示教器界面，将"机械钥匙开关"旋转到"手动限速模式"，如图 1-45 所示。

图 1-45　切换为"手动限速模式"

单击"主菜单"按钮，在示教器主界面中，选择"手动操纵"，如图1-46所示。

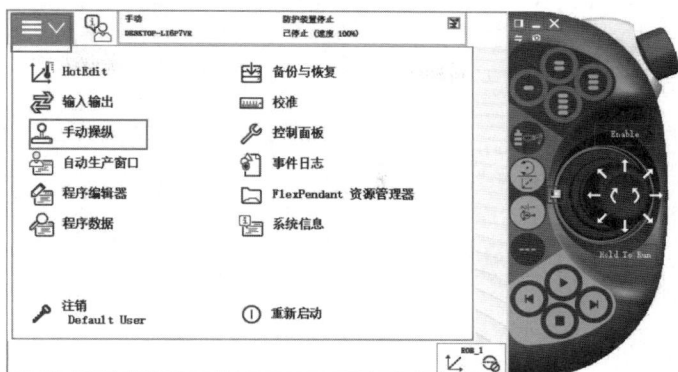

图1-46 选择"手动操纵"

在"动作模式"选项中，选择"轴1—3"，然后单击"确定"按钮，如图1-47和图1-48所示。

图1-47 选择"动作模式"

图1-48 选择"轴1—轴3"

如果选择"轴4—6"，则可以操纵轴4～轴6。

在示教器的右下角显示"1-2-3及箭头方向"对应操纵杆上左右、前后和旋转，分别对应轴1、轴2和轴3的运动，如图1-49所示。

图 1-49　操作杆代表"轴 1—3"运动

可以通过快捷键来切换"轴 1—3"和"轴 4—6"，右下角会显示当前处于"轴 1—3"还是"轴 4—6"，如图 1-50 所示。

图 1-50　单轴运动快捷切换

如果通过控制操纵杆向下，轴 2 的角度位置数值会增大，即轴 2 姿态会发生变化，如图 1-51 所示。如果控制操纵杆向其他方向移动，其他轴也会发生变化。

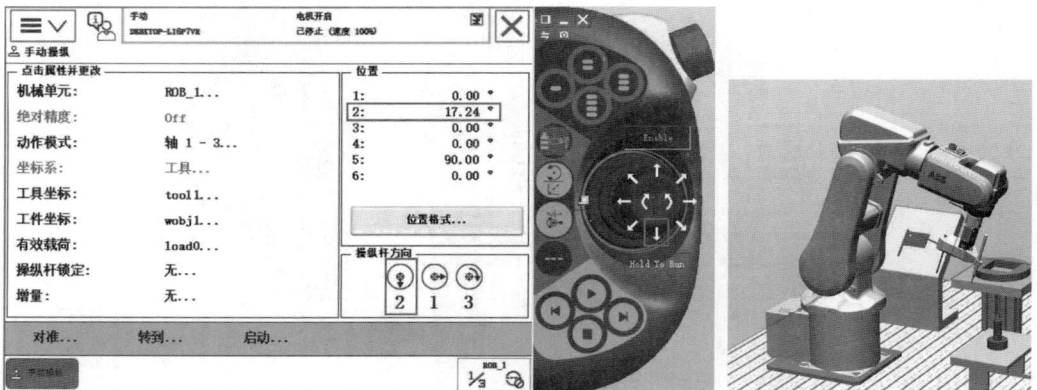

图 1-51　操纵杆实现单轴运动

2. 线性运动

工业机器人的线性运动是指安装在第六轴法兰盘上末端执行器的 TCP 在空间中做直线

运动。TCP 是工具中心点(tool center point)的简称，工业机器人有一个默认的工具中心点，它位于第六轴安装法兰的中心，如图 1-52 所示。

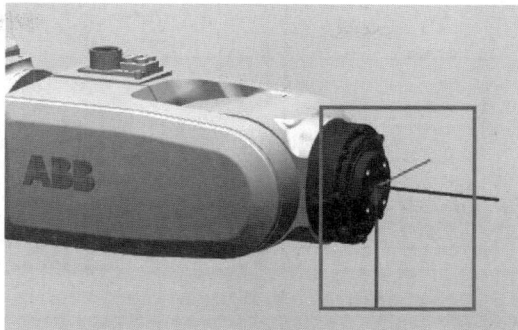

图 1-52　工具中心点 TCP

线性运动
微课视频

　　工业机器人的线性运动在多个领域具有广泛的应用，包括但不限于搬运、加工、焊接等，通过精确控制 TCP 的位置和移动轨迹，工业机器人能够高效、准确地完成任务，提高生产效率和产品质量。

　　在示教器主界面中，选择"手动操纵"，如图 1-53 所示。

图 1-53　选择"手动操纵"

　　在"动作模式"选项中，选择"线性"，然后单击"确定"按钮，如图 1-54 和图 1-55 所示。

图 1-54　选择"动作模式"

图 1-55　选择"线性"

　　按下使能按钮，使得状态栏中出现"电机开启"状态，如图 1-56 所示。

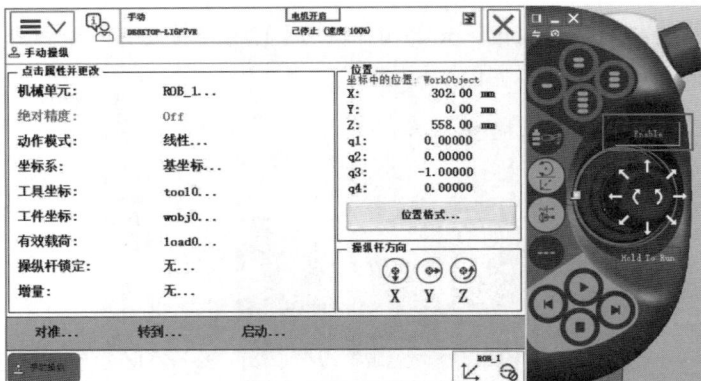

图 1-56　按下使能按钮

如图 1-57 所示，右下角显示操纵杆方向，箭头代表正方向。

操控操纵杆向下，往 X 轴正方向移动，如图 1-58 所示。如果控制操纵杆 Y 轴和 Z 轴，Y、Z 轴位置也会发生变化。

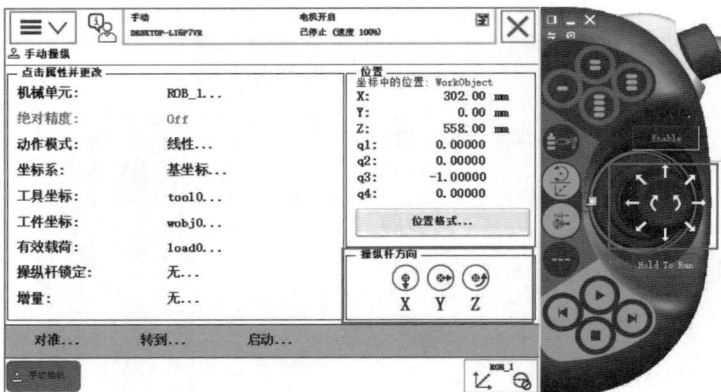

图 1-57　操作杆代表 X、Y、Z 轴的直线运动

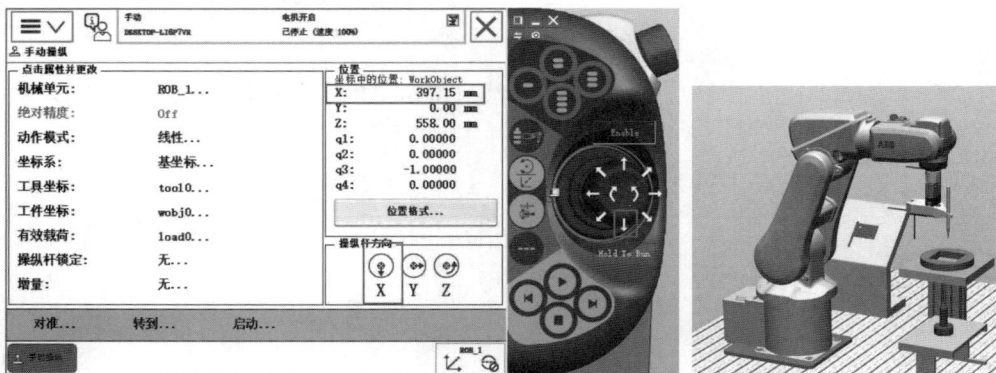

图 1-58　操纵杆实现线性运动

3. 重定位运动

工业机器人的重定位运动是指工业机器人第六轴法兰盘上的工具中心点在空间中做旋转运动，该运动主要用于调整工业机器人的姿态，但工具中心点的位置保持不变，即工业

机器人绕着工具中心点做姿态调整的运动，如图 1-59 所示。

图 1-59 重定位运动姿态

工业机器人的重定位运动是一种灵活、高效的方式，用于在不改变工具 TCP 位置的情况下调整工业机器人的姿态。通过合理的编程和手动操作，可以实现精确的重定位运动，提高机器人的工作效率和灵活性。

在示教器主界面中，选择"手动操纵"，如图 1-60 所示。

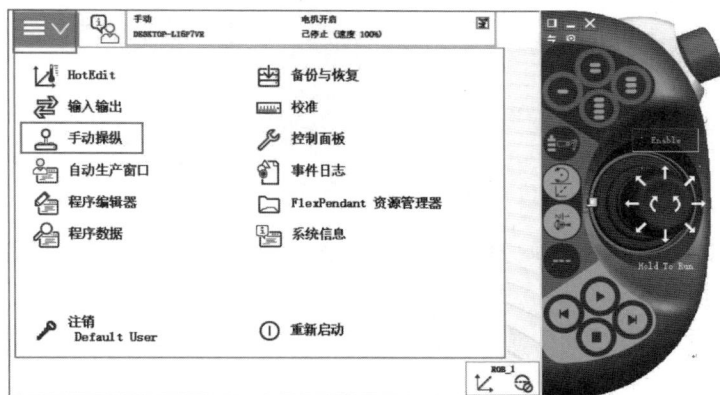

图 1-60 选择"手动操纵"

在"动作模式"选项中，选择"重定位"，然后单击"确定"按钮，如图 1-61 和图 1-62 所示。

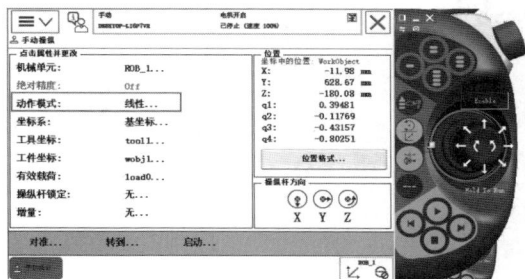

图 1-61 选择"动作模式"

图 1-62 选择"重定位"

工业机器人重定位运动需要选择对应的坐标系，选择"工具"坐标系，如图 1-63 所示。

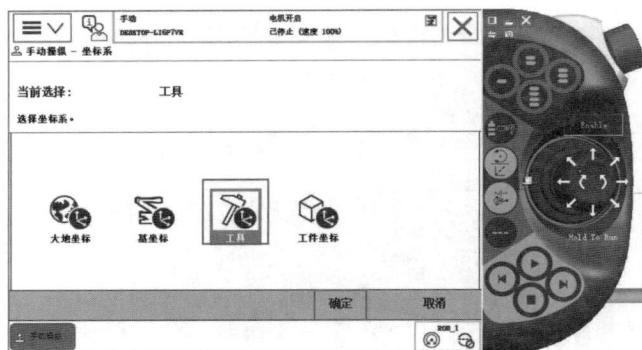

图 1-63　选择"工具"坐标系

在进行重定位运动之前，需要在"工具坐标"中指定对应的工具，单击"工具坐标"，确定选择工具"tool1"，如图 1-64 所示。

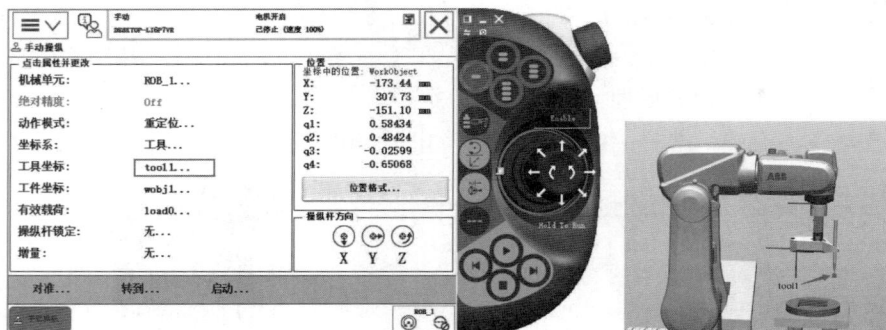

图 1-64　选择工具"tool1"

右下角显示操纵杆方向，箭头代表正方向，X、Y、Z 分别表示工业机器人工具绕着 X、Y、Z 轴旋转，如图 1-65 所示。

工具 tool1 的 TCP 在空间中做重定位运动，如图 1-66 所示。

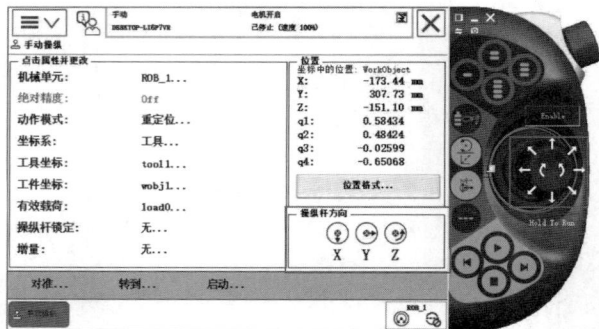

图 1-65　操作杆代表绕 X、Y、Z 轴旋转运动

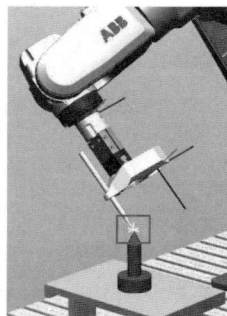

图 1-66　操纵杆实现重定位运动

二、更新转数计数器

转数计数器是工业机器人中的一个重要组件，它用于记录工业机器人各个关节轴的转动数据，以确保机器人的精确运动和定位。工业机器人六个关节轴都有一个机械原点的位置。

工业机器人零位是指工业机器人各轴在初始化或校准后的起始位置或参考点。这个零位是工业机器人所有后续运动、定位和编程的基础，对于工业机器人每一个轴(如旋转轴、平移轴等)，都有一个与之对应的零位，零点刻度的位置分别在机器人本体的关节位置处，有明显的标志。

在以下几种情况中，需要对机械原点的位置进行转数计数器更新操作。

(1) 更换伺服电机转数计数器电池后。

(2) 转数计数器发生故障并修复后。

(3) 转数计数器与测量板之间断开过。

(4) 在断电状态下，工业机器人关节轴发生移动。

(5) 系统报警提示"10036 转数计数器未更新"时。

(6) 首次安装工业机器人及控制器，并进行线缆连接之后。

使用手动操纵模式，按照顺序(4—5—6—1—2—3)将工业机器人各关节轴运动到机械原点刻度位置。

🔍 **任务实施**

转数计数器更新
演示视频

一、转数计数器更新

通过单轴运动完成 IRB120 工业机器人系统的转数计数器更新，并将第 5 轴设为 $90°$，具体操作步骤及说明如表 1-7 所示。

表 1-7　转数计数器更新的具体操作步骤及说明

操作步骤	操作说明	示意图
1	打开示教器界面后，将"自动模式改"为"手动模式"	
2	单击"主菜单"按钮，选择"手动操纵"	

(续表)

操作步骤	操作说明	示意图
3	选择"动作模式"	
4	选择"轴4-6",再单击"确定"按钮,进行运动模式的切换	
5	单击"Enable"按钮,使能上电,上方状态栏显示电机开启	
6	通过操作杆将关节轴 4 移动到机械原点的刻度位置	

(续表)

操作步骤	操作说明	示意图
7	通过操作杆将关节轴5移动到机械原点的刻度位置	
8	通过操作杆将关节轴6移动到机械原点的刻度位置	
9	在手动操纵菜单中,动作模式选择"轴1-3",通过操作杆将关节轴1移动到机械原点的刻度位置	
10	通过操作杆将关节轴2移动到机械原点的刻度位置	

(续表)

操作步骤	操作说明	示意图
11	通过操作杆将关节轴3移动到机械原点的刻度位置	
12	单击"主菜单"按钮,再单击"校准"	
13	单击"ROB_1"	
14	单击"手动方法(高级)"	

(续表)

操作步骤	操作说明	示意图
15	单击"校准参数",再单击"编辑电机校准偏移"	
16	将工业机器人本体上电机校准偏移值记录下来	
17	单击"是"按钮	
18	输入记录的电机校准偏移数据,单击"确定"按钮。如果示教器中显示的数值与机器人本体上的标签数值一致,则无需修改,直接单击"取消"按钮退出	

操作步骤	操作说明	示意图
19	单击"是"按钮，重新启动示教器	
20	重启后，单击"主菜单"按钮，再单击"校准"	
21	单击"ROB_1"	
22	单击"手动方法(高级)"	

(续表)

操作步骤	操作说明	示意图
23	单击"转数计数器"，再单击"更新转数计数器"	
24	单击"是"按钮	
25	单击"确定"按钮	
26	单击"全选"按钮，再单击"更新"按钮。如果工业机器人由于安装位置的关系，无法让六个轴同时到达机械原点刻度位置，则可以逐一对关节轴进行转数计数器更新	

操作步骤	操作说明	示意图
27	单击"更新"按钮，转数计数器更新完成	
28	选择"手动操纵-动作模式"，再选择"轴 4-6"，单击"确定"按钮	
29	通过操作杆将 5 轴调为 90°的姿势	

二、线性运动

通过线性运动使得 IRB120 工业机器人沿"p10—p20—p30—p40"轨迹运动一圈，具体操作步骤及说明如表 1-8 所示。

线性运动演示视频

表 1-8 线性运动的具体操作步骤及说明

操作步骤	操作说明	示意图
1	选择"手动操纵-动作模式",再选择"线性"选项,单击"确定"按钮	
2	通过操作杆将工业机器人末端移动到 p10 点	
3	通过操作杆将工业机器人末端移动到 p20 点	
4	通过操作杆将工业机器人末端移动到 p30 点	

(续表)

操作步骤	操作说明	示意图
5	通过操作杆将工业机器人末端移动到 p40 点	

三、重定位运动

完成 IRB120 工业机器人在 p40 位置的重定位运动，具体操作步骤及说明如表 1-9 所示。

重定位运动
微课视频

表 1-9　重定位运动的具体操作步骤及说明

操作步骤	操作说明	示意图
1	单击"主菜单"按钮，再选择"手动操纵"	
2	选择"动作模式"	

(续表)

操作步骤	操作说明	示意图
3	选择"重定位",再单击"确定"按钮	
4	单击"工具坐标",选择"tool1"(tool1 为工具笔尖尖点),再单击"确定"按钮	
5	通过操纵杆使工业机器人停在p40 点,进行重定位运动	

任务评价

任务内容:工业机器人基本运动操作 测评人:

考核内容		标准分	实际得分
转数计数器更新操作	转数计数器更新操作是否正确	25	
	六轴机械原点校准顺序是否正确	10	

（续表）

考核内容		标准分	实际得分
工业机器人手动操作	单轴运动操作以及方向是否正确	20	
	线性运动操作以及方向是否正确	20	
	重定位运动操作以及方向是否正确	15	
安全文明操作	是否遵守操作规程	10	
总计		100	

习　题

一、填空题

1. 工业机器人"更新转数计数器"时，关节轴按_____的顺序移动到机械原点位置。

2. 工业机器人手动操纵时，主要有_____、_____和_____三种运动模式。

3. 安装在机器人第 6 轴法兰盘上的工具在空间做直线运动，称为_____运动。

4. 当工业机器人在手动模式下运动到极限位置时，通常需要切换到_____模式，使其返回安全区域。

5. 工业机器人的转数计数器用于记录各轴的_____信息。

二、选择题

1. 当 ABB 工业机器人更换电机后，以下哪项操作是必需的？（　　）

　A. 更改程序　　　　B. 更新转数计数器　　C. 更换示教器　　　　D. 重启机器人

2. ABB 工业机器人的哪种运动模式主要用于调整单个轴的运动？（　　）

　A. 单轴运动　　　　B. 线性运动　　　　C. 重定位运动　　　　D. 圆弧运动

3. 当工业机器人的转数计数器出现问题时，可能会导致什么后果？（　　）

　A. 机器人无法启动　　　　　　　B. 机器人运动不精确

　C. 机器人无法编程　　　　　　　D. 机器人断电

4. 重定位运动的特点是什么？（　　）

　A. 机器人的位置和姿态都发生改变　　B. 仅机器人的位置发生改变

　C. 仅机器人的姿态发生改变　　　　　D. 机器人的位置和姿态都不发生改变

5. 在执行线性运动时，工业机器人的哪些轴会协同工作？（　　）

　A. 仅一个轴　　　　　　　　　　B. 两个指定的轴

　C. 所有可移动轴　　　　　　　　D. 用户选择的轴

三、判断题

1. 在工业机器人运动模式中，单轴运动总是比线性运动更快。　　　　　　（　　）

2. 工业机器人的转数计数器在每次机器人开机时都会自动更新。　　　　　（　　）

3. 工业机器人的机械原点是固定的，不会随机器人的运动而改变。　　　　（　　）

4. 工业机器人的转数计数器在更换电池后不需要更新。　　　　　　　　　（　　）

5. 当工业机器人转数计数器失效时，只有重定位运动模式将受到影响。　　（　　）

项目二
工业机器人重要数据设定

任务一　工具数据 tooldata 设定

知识目标

- 掌握工业机器人坐标系的分类；
- 掌握工业机器人工具数据的意义；
- 掌握工业机器人工具数据的建立；
- 掌握工业机器人工具数据的验证。

任务描述

工具数据是用于描述工具的 TCP、重量、重心等参数的数据，也是描述新工具坐标系相对于默认工具坐标系的位姿变换。完整工具坐标系的标定分为 3 个步骤：工具数据的创建、工具数据的定义及工具负载数据的测算。利用如图 2-1 所示的工业机器人基础应用平台，完成工具数据 tooldata 设定的任务，主要包括以下内容：

任务描述

(1) 工业机器人工具上的笔尖为工具参考点，辅助校准工具上的尖点为固定点，利用四点法标定 TCP，创建名称为"tool1"的工具数据，并验证所建工具数据的正确性。

(2) 工业机器人工具上的笔尖为工具参考点，辅助校准工具上的尖点为固定点，利用六点法标定 TCP，创建名称为"tool2"的工具数据，并验证所建工具数据的正确性。工具重心数据如表 2-1 所示。

(3) 测算金属笔工具的负载数据。

图 2-1　工业机器人基础应用平台

表 2-1　工具重心数据

工具重心	tload.cog.x	−80mm
	tload.cog.y	0mm
	tload.cog.z	100mm

知识准备

一、坐标设定

坐标系从一个称为原点的固定点通过轴定义平面或空间。机器人目标和位置通过坐标系轴的测量定位。机器人使用若干坐标系，每一坐标系都适用于特定类型的微动控制或编程。接下来介绍工业机器人的坐标系。

工业机器人坐标系
微课视频

1. 基坐标系

基坐标系是指以 ABB 机器人安装基座为基准，用来描述机器人本体运动的直角坐标系，如图 2-2 所示。任何机器人都需要基坐标系，但一般叫法不同。

基坐标系在机器人基座中有相应的零点，这使固定安装的机器人的移动具有可预测性，因此，基坐标系对于机器人从一个位置移到另一个位置很有帮助。

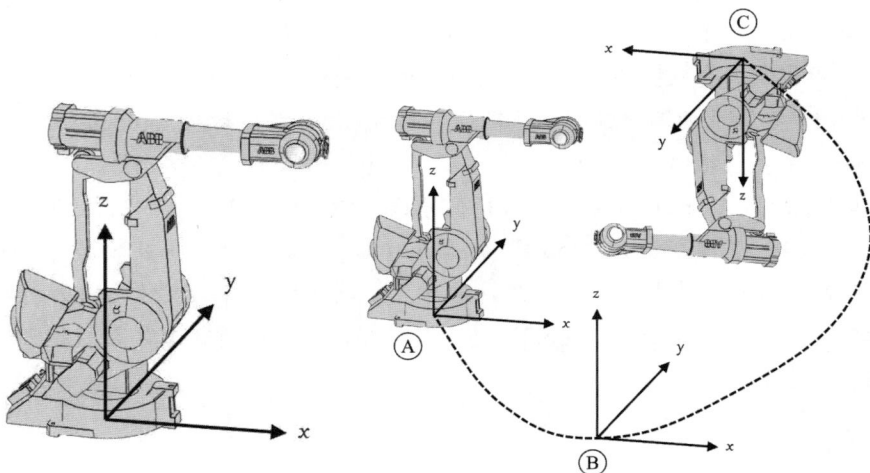

图 2-2　机器人基坐标系

2. 大地坐标系

大地坐标系是系统的绝对坐标系，是机器人插补动作的基准，其余所有的坐标系都在它的基础上变换得到。

大地坐标系在工作单元或工作站中的固定位置有其相应的零点，这使得若干个机器人或由外轴移动的机器人具有统一的参照系。大地坐标系是能够表达机器人系统中所有单元位姿的参考坐标系，而基坐标系是系统中每个机械单元自身的参考坐标系。在单台固定安装机器人的情况下，大地坐标系和基坐标系是一致的，其方向通过右手定则确定，如图 2-3 所示。

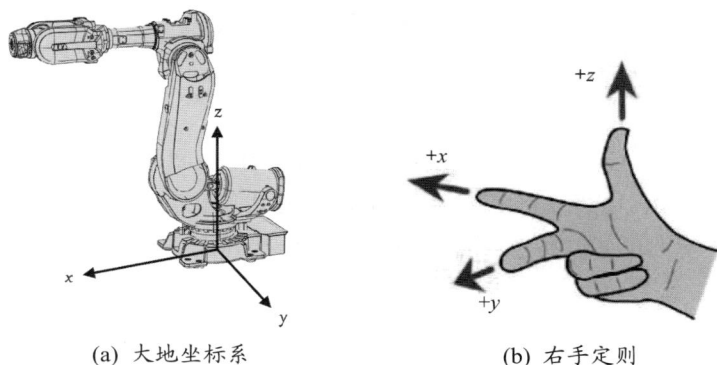

(a) 大地坐标系   (b) 右手定则

图 2-3 大地坐标系及右手定则

3. 工具坐标系

工具坐标系的建立是为了确定工具的 TCP 位置和姿态，使用不同的工具进行作业时，只需要改变工具坐标系。

工具坐标系是以安装在法兰盘上的末端执行器为参照系的坐标系，因此工具坐标随着法兰盘的运动而发生改变。工具坐标系的原点也称为工具中心点(TCP)。在执行程序时，机器人就是将 TCP 移至编程要求的位置，如图 2-4 所示。

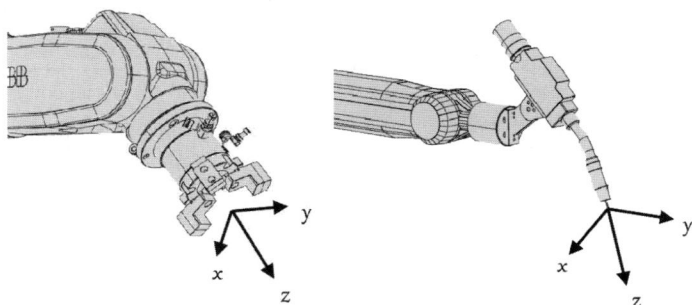

图 2-4 工具坐标系与 TCP

工具坐标系的线性动作与大地坐标系类似，是在机器人工作空间中沿直线运动，其参考点会随机器人工具末端点位姿变化而变化，但其相对于工具末端点又是不变的，因此工具坐标系运动是可以预测的。每个工具都有其对应的工具坐标系，使用不同的工具应切换到相应的工具坐标系再进行操作，否则工具坐标系运动会难以预测。

4. 工件坐标系

工件坐标系用于定义工件相对于大地坐标系或其他坐标系的位置,是以工件为基准来描述 TCP 运动的直角坐标系,主要是为了方便用户以工件平面方向为参考手动操纵调试,同时当工件位置更改后,通过重新定义该坐标系,工业机器人即可正常作业,无需修改机器人程序。

二、工具数据 tooldata

在正式编写程序之前,必须先搭建好必要的编程环境,其中三个重要的程序数据(工具数据 tooldata、工件坐标 wobjdata、有效载荷 loaddata)就要在编程前定义完成,以便编程时用到。

工具数据 tooldata
微课视频

1. 工具及工具数据

工具是能够直接或间接安装在机器人转动盘上或装配在机器人工作范围内固定位置上的物件,如焊枪、吸盘、夹爪等。工具数据(tooldata)用于描述安装在机器人第六轴上的工具的 TCP、质量、重心的参数数据(见表 2-2),也用于描述新工具坐标系相对于默认工具坐标系的位姿变换。

不同的工业机器人应用配置不同的工具,在执行程序时,就是将工具的 TCP 移至编程位置。如果更改工具及工具坐标系,机器人的移动轨迹也会随之改变。

表 2-2　工具数据参数表

序号	操作	实例	单位
1	TCP 坐标	tframe.trans.x tframe.trans.y tframe.trans.z	mm
2	姿态数据	tframe.rot.q1 tframe.rot.q2 tframe.rot.q3 tframe.rot.q4	—
3	工具重量	tload.mass	kg
4	工具重心	tload.cog.x tload.cog.y tload.cog.z	mm
5	如果必要,输入力矩轴方向	tload.aom.q1 tload.aom.q2 tload.aom.q3 tload.aom.q4	—
6	如果必要,输入工具的转动力矩	tload.ix tload.iy tload.iz	kgm^2

2. 工具数据的定义方法

工具坐标系的准确度直接影响机器人的轨迹精度。默认工具(tool0)坐标系的原点位于机器人安装法兰盘的中心,与安装凸缘方向一致。当安装不同的工具(如焊枪)时(见图 2-5),

完整工具坐标系的标定分为 3 个步骤：工具数据的创建、工具数据的定义及工具负载数据的测算。

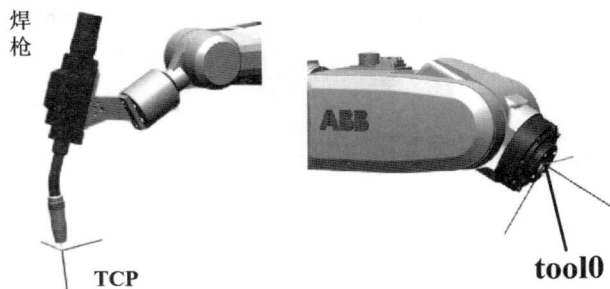

图 2-5 工具安装情况

工具数据的定义通常有两种方法：编辑工具定义法和示教法(又称为预定义法)。下面分别讲解这两种创建工具坐标系的方法。

编辑工具定义法的原理是已知工具的各项参数，直接输入即可。

示教法分为 3 种："TCP(默认方向)""TCP 和 Z""TCP 和 Z，X"，即四点法、五点法和六点法。

"TCP(默认方向)"对应不改变工具坐标系方向的工具，即工具末端点在六轴中心线的延长线上，而"TCP 和 Z"和"TCP 和 Z，X"则分别对应 Z 和 Z、X 方向的改变，但操作方法基本一致。在 tooldata 定义界面选择方法和点数，如图 2-6 所示。

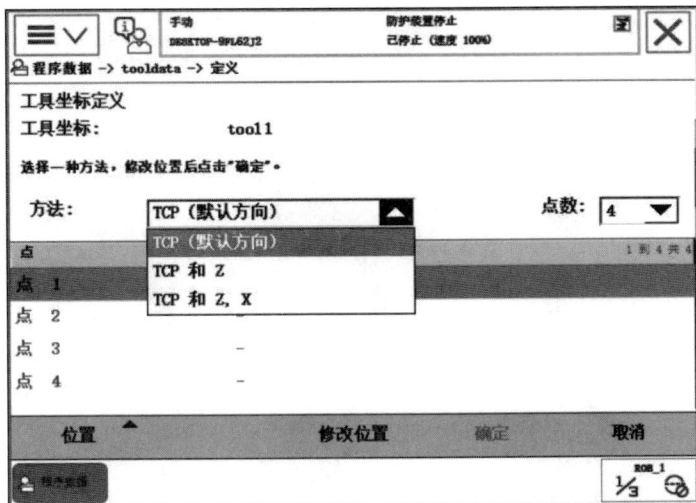

图 2-6 tooldata 定义界面

3. 工具数据的定义步骤

(1) 在工业机器人工作范围内找一个精准的固定点作为参考点。

(2) 在工业机器人六轴法兰盘安装的工具上，确定一个参考点(一般选择 TCP，如焊枪头、夹爪中心)。

（3）坐标系要选择基坐标，手动操作机器人用至少 4 种不同的工具姿态，将工具参考点尽可能与固定点刚好触碰，如图 2-7 所示。4 个点姿态相差尽量大一些，这样有利于提高 TCP 的精度。

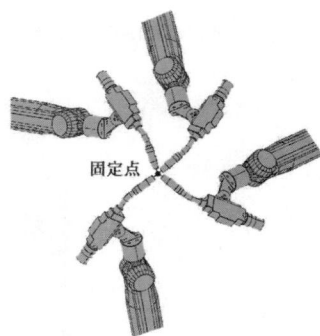

（4）根据 4 个位置点的数据，工业机器人可以自动算出新 TCP 的位置，并且将数据保存在 tooldata 程序数据中。

① 工具数据四点法定义。

工业机器人以 4 种不同的姿态使参考点与固定点刚好触碰，如图 2-8 所示。

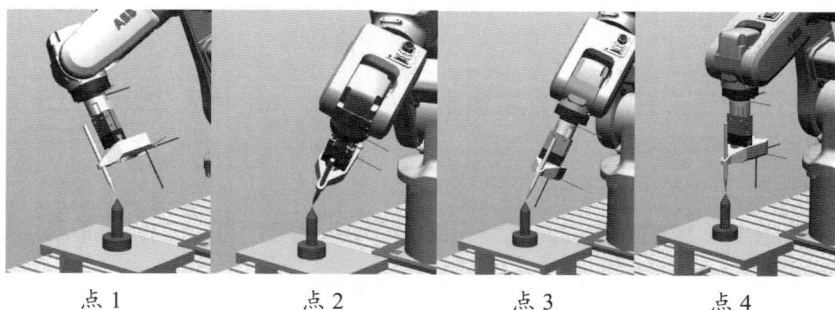

图 2-7　4 种不同的姿态靠近固定点

点 1　　　　　　点 2　　　　　　点 3　　　　　　点 4

图 2-8　四点法标定姿态

② 工具数据六点法定义。

前四点与四点法一样，在点 4 的姿态下，延伸器点 X 和 Z 偏移值建议最少 100mm，如图 2-9 所示。

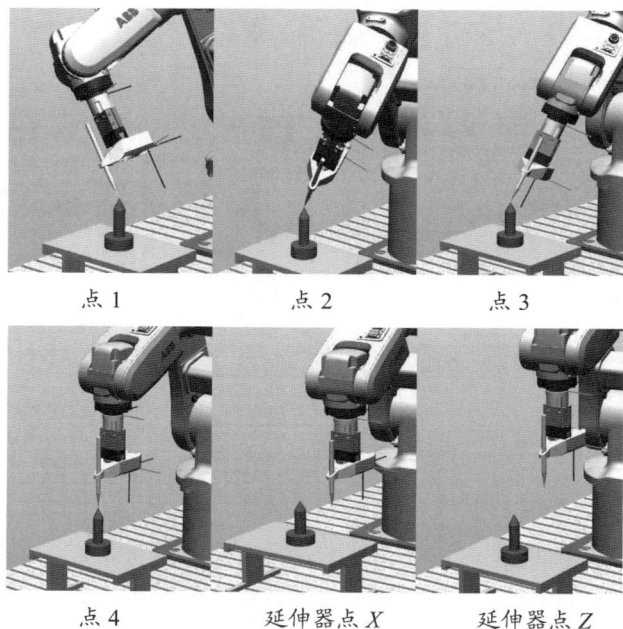

点 1　　　　　　点 2　　　　　　点 3

点 4　　　　　延伸器点 X　　　　延伸器点 Z

图 2-9　六点法标定姿态

TCP 标定注意事项如下：

(1) 在固定点附近降低速度，以免相撞。在固定点附近时，将增量模式更改为小。

(2) TCP 标定后，可通过已定义工具坐标(案例中 tool1)检验标定效果。

对于几何规则工具，如果已知具有工具的 TCP 测量值，可采用直接输入方式，无需使用上述方法标定。以如图 2-10 所示的真空吸盘工具为例，重量是 2kg，重心在默认 tool0 的 Z 正方向偏移 300mm，可以直接输入工具数据中，如图 2-11 所示。

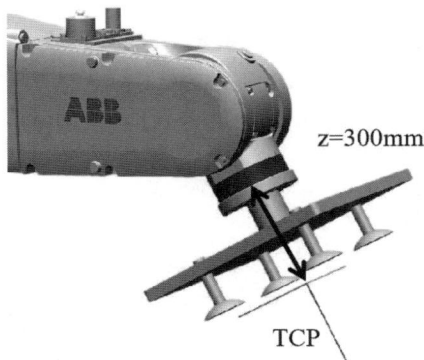

图 2-10　真空吸盘工具

图 2-11　设定真空吸盘工具数据

4. 工具负载数据测算

工具负载数据是指所有装在机器人法兰上的负载重量，系统中需要输入质量、重心位置(质量受重力作用的点)、质量转动惯量等信息。

LoadIdentify 是 ABB 机器人开发的用于自动识别安装在六轴法兰盘上的工具(tooldata) 的重量及重心。

(1) 测算工具负载数据前需确认以下情况。

① 测算负载数据的工具必须已安装，工具数据已被定义并已在手动操纵中加载；

② 机器人本体负载必须已定义；

③ 机器人 1-6 轴回到机械零点位置，如图 2-12 所示。

(a) 示教器显示位置　　　　　　　　　(b) 机器人本体位置

图 2-12　工业机器人零点标定

(2) 测算工具负载数据的注意事项。

① 在"调用服务例行程序"界面选择"LoadIdentify"例行程序，如图 2-13 所示。

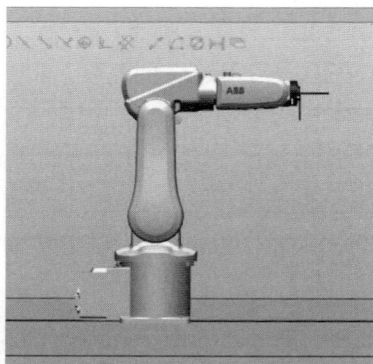

图 2-13　调用服务例行程序

② 单击"开始"按钮运行程序，如图 2-14 所示。程序手动运行过程中，不能松开使能按钮，直到出现提示才能转入自动运行过程。

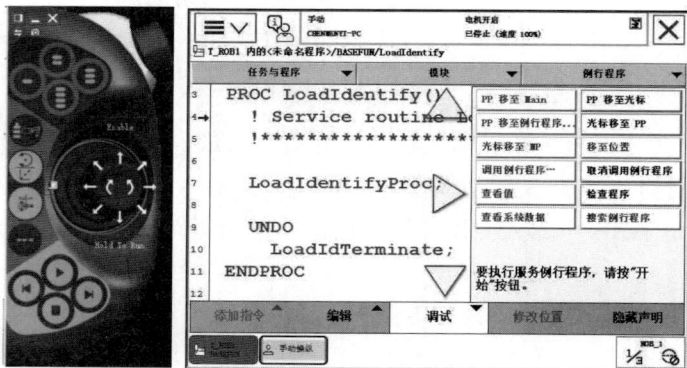

(a) 示教器　　　　　　　　　(b) 程序编辑器画面

图 2-14　运行 LoadIdentify 程序

进入"测算类型选择"界面，单击右下方的 Tool 按钮，如图 2-15 所示。

PayLoad 选项用于测算机器人本体的负载数据，Tool 选项则用于测算工具的负载数据，此处应选择 Tool 选项。

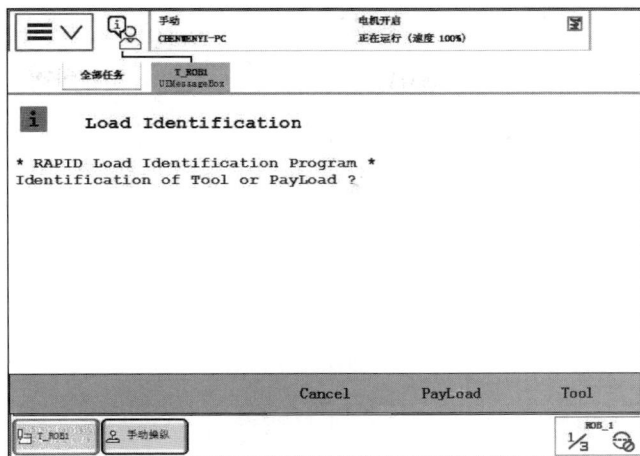

图 2-15　选择测算类型

根据系统提示信息选择对工具的测算方法，在左下方输入栏输入"2"。输入数值后，单击"确定"按钮激活，再根据系统提示信息确认机器人选择的测算，完成工具负载数据测算，如图 2-16 所示。

1=已知工具质量；　2=未知工具质量；　0=取消

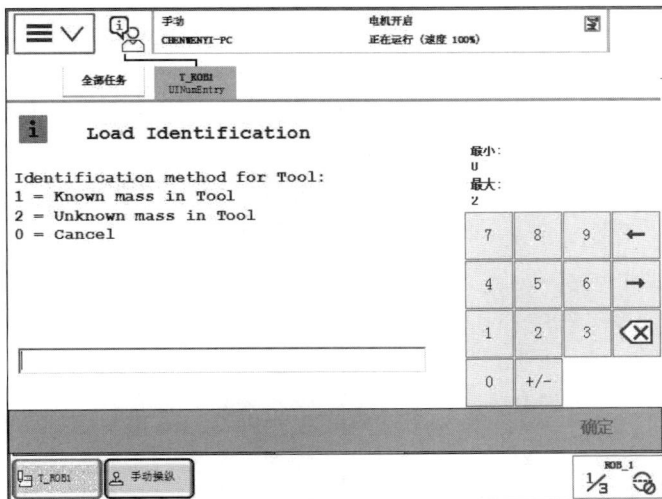

图 2-16　选择负载测算方法

🔍 任务实施

一、四点法标定工具坐标系

利用示教器通过"TCP(默认方向)"方法(即四点法)标定金属笔工具，具体操作步骤及说明如表 2-3 所示。

四点法标定工具
坐标系微课视频

表 2-3　四点法标定金属笔工具的具体操作步骤及说明

操作步骤	操作说明	示意图
1	打开示教器，将自动模式切换成手动模式	
2	单击"主菜单"按钮，然后选择"手动操纵"	
3	选择"动作模式"	
4	选择"线性"选项，单击"确定"按钮	

(续表)

操作步骤	操作说明	示意图
5	坐标系选择"基坐标",选择"工具坐标"选项	
6	单击"新建"按钮	
7	工具数据命名默认为"tool1",单击"初始值"按钮	
8	根据实际情况设定工具的质量 mass、重心位置数据(相当于 tool0 的偏移值),mass 为 1,cog.z 重心在 Z 轴上偏移 100,然后单击"确定"按钮	

(续表)

操作步骤	操作说明	示意图
9	选中"tool1"选项,然后单击"编辑"菜单中的"定义"选项	
10	选择"TCP(默认方向)"	
11	选择合适的手动操纵模式,并按下使能键,使用摇杆将工具参考点靠近固定点,作为第一个点	
12	单击"修改位置"按钮,记录点 1 的位置	

(续表)

操作步骤	操作说明	示意图
13	改变机器人的工具姿态,将工具参考点靠近固定点,作为第二个点	
14	单击"修改位置"按钮,记录点 2 的位置	
15	改变机器人工具姿态,将工具参考点靠近固定点,作为第三个点	
16	单击"修改位置"按钮,记录点 3 的位置	

(续表)

操作步骤	操作说明	示意图
17	改变机器人工具姿态，将工具参考点垂直靠近固定点，这是第四个点	
18	单击"修改位置"按钮，记录点 4 的位置	
19	单击"确定"按钮	
20	回到手动操纵界面，将"动作模式"设置为"重定位"，将"坐标系"设置为"工具"，将"工具坐标"设置为"tool1"	

（续表）

操作步骤	操作说明	示意图
21	手动操纵机器人将工具参考点靠近固定点，验证所建工具坐标的正确性	

二、工具负载数据测算

利用示教器使用 LoadIdentify 测算负载的程序测算工具的负载数据，具体操作步骤及说明如表 2-4 所示。

工具负载数据测算
演示视频

表 2-4　工具负载数据测算的具体操作步骤及说明

操作步骤	操作说明	示意图
1	单击"主菜单"按钮，选择"手动操纵"	
2	将机器人利用"操作杆"手动运动到零点位置	

(续表)

操作步骤	操作说明	示意图
3	确认机器人周围没有干涉物品	
4	选择"工具坐标"选项,新建一个"tool1",单击"确定"按钮	
5	单击"主菜单"按钮,选择"程序编辑器",创建新程序	
6	单击"调试"按钮,在弹出的菜单中找到"PP 移至 Main"并单击。待"调用例行程序"按钮激活后单击"调用例行程序"按钮	

(续表)

操作步骤	操作说明	示意图
7	在"调用服务例行程序"界面选择 LoadIdentify 例行程序，单击"转到"按钮	
8	长按"手动使能"按钮使得"电机开启"，然后单击"开始"按钮运行程序。程序手动运行过程中，使能按钮不能松开，直到提示转入自动运行过程	
9	程序运行前出现系统提示，单击 OK 按钮	
10	进入"测算类型选择"界面，单击右下方 Tool 按钮。PayLoad 选项用于测算机器人本体的负载数据，Tool 选项则用于测算工具的负载数据，此处应选择 Tool 选项	

(续表)

操作步骤	操作说明	示意图
11	根据系统提示信息确认各事项，确认无误后单击 OK 按钮	
12	根据系统提示信息确认加载的工具是否是需要测算的工具，单击 OK 按钮	
13	根据系统提示信息选择对工具的测算方法，在左下方输入栏输入"2"。输入数值后，单击"确定"按钮	
14	根据系统提示信息确认机器人选择测算过程中需要机器人六轴运动的角度，单击右下方的"+90"按钮	

（续表）

操作步骤	操作说明	示意图
15	根据系统提示信息确认以低速测试，确认无误后单击 Yes 按钮	
16	根据系统提示信息确认按 MOVE 以作慢速测试动作。确认无误后单击 MOVE 按钮	
17	在测算过程中，系统会显示程序当前的运行状态。该阶段测算运行完成后会自动跳转到另一画面，过程中需保持使能按钮不松开	
18	根据系统提示信息切换到自动模式，并启动程序运行	

(续表)

操作步骤	操作说明	示意图
19	等待自动运行程序完成后，根据系统提示信息切换到手动模式，然后单击 OK 按钮开始计算	
20	计算完成后，单击 Yes 按钮确认	

任务评价

任务内容：工具数据 tooldata 的设定　　　　　　　　　　测评人：

考核内容		标准分	实际得分
四点法标定金属笔工具	工具误差<0.04	20	
	重定位验证工具坐标系	10	
六点法标定金属笔工具	工具误差<0.04	20	
	重定位验证工具坐标系	10	
负载数据测算	金属笔工具的负载数据	15	
	吸盘工具的负载数据	15	
安全文明操作	是否遵守操作规程	10	
总计		100	

习　　题

一、填空题

1. ABB 工业机器人有若干坐标系，分别是_____、_____、_____、_____。

2. 工业机器人有三个重要数据，分别是_____、_____、_____。

3. 工具数据中 mass 是_____。

4. 基坐标系原点定义在机器人安装面与第一转动轴的交点处，X 轴向前，Z 轴向上，Y 轴按_____法则确定。

5. _____是机器人示教和编程时常用的坐标系，其坐标原点在工作单元或工作站中有固定位置。

二、选择题

1. 以下不是 TCP 取点法的是(　　)。

    A. 三点法　　　　　　B. 四点法　　　　　　C. 五点法　　　　　　D. 六点法

2. 工具坐标的定义是在(　　)下。

    A. 大地坐标　　　　　B. 基坐标　　　　　　C. 工具坐标　　　　　D. 工件坐标

3. 工具坐标的验证是在(　　)下。

    A. 大地坐标　　　　　B. 基坐标　　　　　　C. 工具坐标　　　　　D. 工件坐标

4. 当需要在 ABB 机器人程序中更改工具坐标系的原点时，应该(　　)。

    A. 更改机器人基座的位置　　　　　　B. 更改机器人末端执行器的硬件

    C. 在示教器中重新定义工具坐标系　　D. 更改工件的位置

5. 在 ABB 机器人编程中，工具坐标系主要用于定义(　　)。

    A. 机器人基座的位置　　　　　　　　B. 机器人末端执行器的位置和姿态

    C. 工件的位置　　　　　　　　　　　D. 机器人与工件之间的相对位置

三、判断题

1. 工具数据用于描述安装在工业机器人第六轴上工具的 TCP、质量、重心等参数。

    (　　)

2. LoadIdentify 程序可用于识别安装在六轴法兰盘上工具和载荷的重量及重心。　(　　)

3. 工具坐标系是在重定位运动模式下创建的。　　　　　　　　　　　　　(　　)

4. 大地坐标系的坐标原点在工作单元或工作站中。　　　　　　　　　　　(　　)

5. 在 ABB 机器人中，工具坐标系和工件坐标系都是用户自定义的坐标系。　(　　)

任务二　工件数据 wobjdata 设定

🔍 知识目标

- 掌握工业机器人工件数据的定义；
- 掌握工业机器人工件数据的建立；
- 掌握工业机器人工件数据的验证。

任务描述

工件坐标系以工件为基准描述 TCP 运动,在工件坐标系下的线性与重定位动作仍然遵循沿对应轴直线运动或绕对应轴旋转的规律。根据工业机器人基础应用平台(见图 2-17),在上一个任务建立的工具数据基础上,完成工件数据 wobjdata 的设定任务,包括以下内容:

任务描述

(1) 利用三点法标定平面绘图模块的工件数据,名称为"wobj1";

(2) 利用三点法标定斜面绘图模块的工件数据,名称为"wobj2"。

图 2-17 工业机器人基础应用平台

知识准备

一、工件数据定义

工件数据用于定义工件相对于大地坐标系的位置,工业机器人可以拥有若干工件坐标,可表示不同工件或同一工件的不同位置。当机器人需要对不同工件进行相同作业时,只需要改变工件坐标系,就可以保证工具 TCP 到达指令点,而无需对程序进行其他修改。工件坐标系是根据实际需要而建立的,视实际情况使用。

建立工件坐标系具有三个优点:第一,以工件坐标系为参考,使得机器人的编程更方便,更易于理解;第二,当工件位置更改后,不需要对机器人轨迹进行编程修改,只要重新定义该工件坐标系,所有路径将即刻随之更新;第三,允许操作以外部轴移动的工件,因为整个工件可连同其路径一起移动。

如图 2-18 所示,为工件 A 建立一个工件坐标系 wobj1,并在这个工件坐标系下进行轨迹编程,若工件 A 位置发生变化,由 A 位置移动至 B 位置,只需要建立一个工件坐标系 wobj2,将工件坐标系 wobj1 中的运动轨迹复制一份,然后将工件坐标从 wobj1 更新为 wobj2,即可完成一样的运动,无须对一样的工件进行重复的轨迹编程。

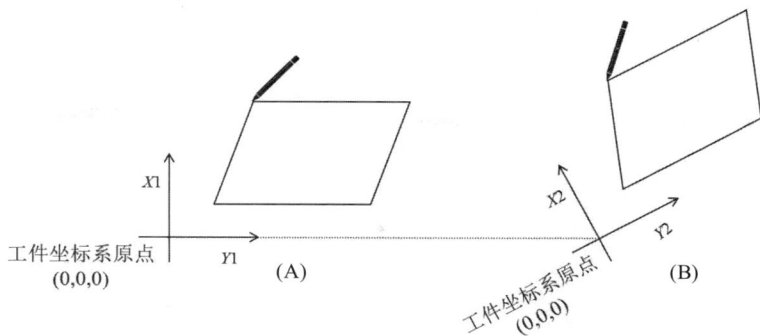

图 2-18　相对工件坐标系

二、工件数据设定方法

对机器人进行编程就是在工件坐标系中创建目标和路径。在 RAPID 编程中，工件坐标系需要通过工件数据(wobjdata)定义，在"wobjdata 声明"界面有工件数据的各个属性，使用时修改名称属性即可。新建工件数据以 wobj 为前缀按顺序编号，如 wobj1，如图 2-19所示。工件数据参数表如表 2-5 所示。

图 2-19　工件坐标系创建界面

表 2-5　工件数据参数表

序号	操作	实例	单位
1	工件坐标系相对大地(默认基坐标的数据)	oframe.trans.x oframe.trans.y oframe.trans.z	mm
2	工件坐标系姿态	oframe.rot.q1 oframe.rot.q2 oframe.rot.q3 oframe.rot.q4	无

在工件对象的平面上只需定义三个点即可建立一个工件坐标，默认工件坐标系为 wobj0。

利用三点法创建工件数据，其三点分别是 X1、X2 和 Y1。点 X1 确定工件坐标原点，点 X2 为 X 轴正方向上任意一点，确定 X 轴及其正方向，点 Y1 为 Y 轴正方向上任意一点，确定 Y 轴及其正方向。点 "X1" 距离点 "X2" 越远，定义的工件坐标数据越精准，如图 2-20 所示。

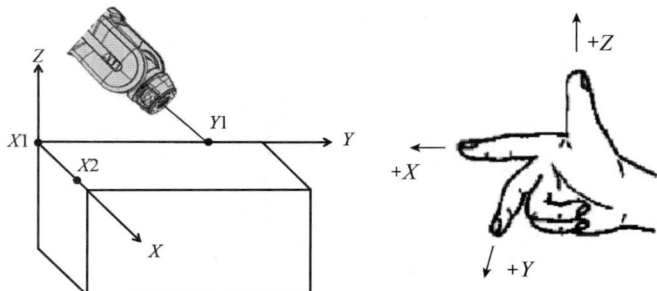

图 2-20　工件数据设定方法

任务实施

一、创建平面工件数据

平面工件坐标系
创建演示视频

利用所建工具数据 tool1，通过三点法标定平面绘图模块的工件数据，具体操作步骤及说明如表 2-6 所示。

表 2-6　创建平面工件数据的具体操作步骤及说明

操作步骤	操作说明	示意图
1	在"手动操纵"界面中，选择"工件坐标"选项	

(续表)

操作步骤	操作说明	示意图
2	单击"新建"按钮	
3	单击"确定"按钮	
4	选中"wobj1"后，选择"编辑"菜单中的"定义"选项	
5	选择"用户方法"中的"3点"选项	

操作步骤	操作说明	示意图
6	手动操纵机器人，让工具末端中心点靠近左上角目标点，作为待设定工件坐标系的原点	
7	单击"修改位置"按钮，记录 $X1$ 点的位置	
8	沿着待定义工件坐标的 X 正方向，手动操纵机器人的工具中心点使之靠近左下角目标点，定义工件坐标的 $X2$ 点	
9	单击"修改位置"按钮，记录 $X2$ 点的位置	

操作步骤	操作说明	示意图
10	手动操纵机器人的工具中心点使之靠近右上角目标点，定义工件坐标的 $Y1$ 点	
11	单击"修改位置"按钮，记录 $Y1$ 点的位置，单击"确定"按钮	
12	对自动生成的工件坐标数据进行确认，单击"确定"按钮	
13	选择"wobj1"选项，单击"确定"按钮，验证工件坐标的原点与方向	

二、创建倾斜面工件数据

倾斜面工件坐标系
创建演示视频

利用工具数据"tool1"，通过三点法标定斜面绘图模块的工件数据，具体操作步骤及说明如表 2-7 所示。

表 2-7　创建倾斜面工件数据的具体操作步骤及说明

操作步骤	操作说明	示意图
1	在"手动操纵"界面中，选择"工件坐标"选项	
2	新建名为"wobj2"的选项	
3	选择"wobj2"，单击"编辑"按钮，选择"定义"选项	

操作步骤	操作说明	示意图
4	选择"用户方法"中的"3 点"选项	
5	利用操作杆,将机器人的 TCP 移到"红旗"工作台的左上角	
6	单击"修改位置"按钮,记录 $X1$ 点的位置	
7	利用操作杆,将机器人的 TCP 移到"红旗"工作台左下角	

(续表)

操作步骤	操作说明	示意图
8	单击"修改位置"按钮，记录 X2 点的位置	
9	利用操作杆，将机器人的 TCP 移到"红旗"工作台右上角	
10	单击"修改位置"按钮，记录 Y1 点的位置，再单击"确定"按钮	
11	选择"wobj2"，单击"确定"按钮，验证工件坐标的原点与方向	

任务评价

任务内容：工件数据 wobjdata 的设定　　　　　　　　　测评人：

考核内容		标准分	实际得分
平面绘图模块的工件数据标定	坐标原点位置	20	
	手动运行方向及趋势	25	
斜面绘图模块的工件数据标定	坐标原点位置	20	
	手动运行方向及趋势	25	
安全文明操作	是否遵守操作规程	10	
总计		100	

习　　题

一、填空题

1. 工业机器人"工件数据"的定义所用的方法是_____。

2. 设定工业机器人"工件数据"中，$X1$ 表示_____、$X2$ 表示_____、$Y1$ 表示_____。

3. wobjdata 是_____数据。

4. 工件数据在_____运动和_____坐标下创建。

5. 在 ABB 机器人编程中，_____是工件与机器人之间相对位置关系的基准。

二、选择题

1. 设定工件坐标要定义的点数为(　　)。

　　A. 3 点　　　　　　B. 4 点　　　　　　C. 5 点　　　　　　D. 6 点

2. 工件坐标的定义是在(　　)下。

　　A. 大地坐标　　　B. 基坐标　　　　　C. 工具坐标　　　　D. 工件坐标

3. 在 ABB 机器人系统中，工件坐标系与工具坐标系之间的关系是(　　)。

　　A. 固定不变　　　　　　　　　　　B. 可以通过编程修改

　　C. 无关　　　　　　　　　　　　　D. 可以通过标定修改

4. 当工件位置发生变化时，方式(　　)可保证机器人按照原有的路径进行操作。

　　A. 重新编程　　　　　　　　　　　B. 更改机器人基坐标系

　　C. 更改工件坐标系　　　　　　　　D. 更改工具坐标系

5. 选项(　　)不是 ABB 机器人设置工件坐标系的原因。

　　A. 简化编程　　　　　　　　　　　B. 便于工件更换

　　C. 提高机器人精度　　　　　　　　D. 替代机器人基坐标系

三、判断题

1. 一旦定义了工件坐标系，机器人在整个运行过程中都将使用这个坐标系进行定位和操作。　　　　　　　　　　　　　　　　　　　　　　　　　　　　　　(　　)

2. 设定工件坐标需要设定三个点，X1 是 X 轴正方向，X2 是 X 轴负方向，Y1 是 Y 轴正方向。 （　　）

3. 工件坐标系的原点可以任意设置在工件上的任何位置。 （　　）

4. 在 ABB 机器人系统中，工件坐标系与基坐标系之间的关系是固定的。 （　　）

5. 在 ABB 机器人的编程中，必须定义工件坐标系才能执行操作。 （　　）

任务三　有效载荷 loaddata 设定

知识目标

- 掌握工业机器人有效载荷数据的意义；
- 掌握工业机器人有效载荷数据的建立。

任务描述

在搬运、码垛领域，工业机器人在工作过程中机械手臂承受的重量是不断变化的，因此需要设定有效载荷数据，利用如图 2-21 所示的工业机器人基础应用平台及吸盘工具，完成有效载荷设定任务，包括以下内容：

任务描述

(1) 根据工业机器人末端工具，利用直接输入法创建名称为"loaddata1"的载荷数据。

(2) 利用调用服务例行程序设定法创建名称为"loaddata2"的载荷数据。吸盘载荷数据如表 2-8 所示。

图 2-21　工业机器人基础应用平台及吸盘工具

表 2-8　吸盘载荷数据

参数	实际值（单位）
有效载荷重量	1kg
有效载荷重心	load.cog.x:0mm load.cog.y:0mm load.cog.z:100mm

🔍 知识准备

一、有效载荷 loaddata

有效载荷数据是工业机器人能够携带或移动的最大负载重量的相关数据，这些数据通常包括负载的重量、重心位置等信息，以确保机器人能够安全、高效地完成任务。对于工业机器人应用在搬运、码垛领域，工作过程中机器人末端承受的重量是不断变化的，不仅需要设定末端工具的重量和重心数据，还要设定搬运对象的重量和重心。如果工业机器人应用在焊接场景或者重量不计情况下，载荷数据默认为 load0。

二、有效载荷 loaddata 的设置与编辑

1. 设置有效载荷 loaddata

设置有效载荷是确保机器人能够正确、安全地执行任务的重要步骤。对于搬运应用的工业机器人，应该正确设定工具的重量、重心，以及搬运对象的重量和重心数据，如图 2-22 所示。这些数据在编写机器人搬运任务程序时会被调用，设置正确的搬运对象载荷数据 loaddata，有利于对机器人伺服控制的优化。

有效载荷微课视频

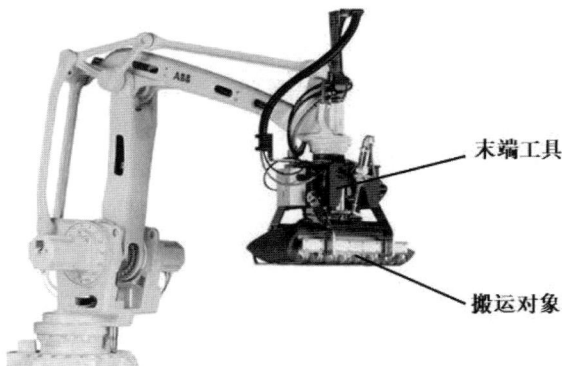

图 2-22　搬运对象载荷

有效载荷 loaddata 设置说明如下：

(1) 对于应用在搬运场景的工业机器人，只有设定正确的载荷数据，才能正常工作。

(2) 若搬运的物品及末端工具的重量都比较重，则需要同时设置末端工具及搬运对象的重量和重心。

(3) 若负载比较轻，一般不需要设定有效载荷，如焊接机器人。

2. 编辑有效载荷数据

测定末端载荷数据的设定方法为：直接输入法(见图 2-23)和调用服务例行程序(LoadIdentify)自动完成。

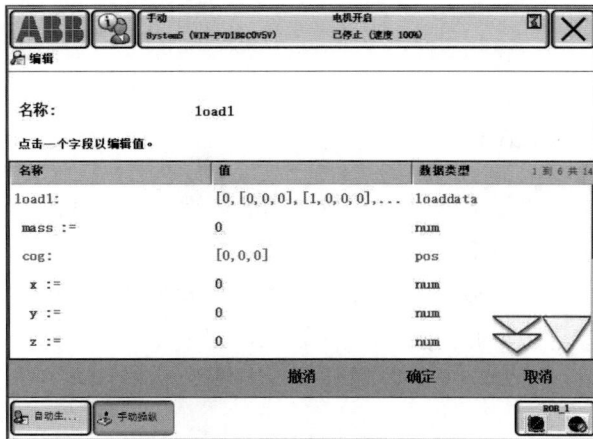

图 2-23　输入载荷数据参数值

使用有效载荷数据，设置有效载荷的物理属性(如重量和重心)，该操作也可使用服务例行程序 LoadIdentify 自动完成。有效载荷数据参数如表 2-9 所示。

表 2-9　有效载荷数据参数

步骤	操作	实例	单位
1	输入有效载荷重量	load.mass	kg
2	输入有效载荷重心	load.cog.x load.cog.y load.cog.z	mm
3	输入力矩轴方向	load.aom.q1 load.aom.q2 load.aom.q3 load.aom.q3	—
4	输入有效载荷的转动惯量	ix iy iz	kgm^2

3. 有效载荷声明

通过声明改变有效载荷变量在程序模块中的使用方法。在 ABB 菜单中，依次单击"手动操纵"和"有效载荷"，显示可用有效载荷的列表，选择要编辑的有效载荷后，单击"编辑"中的"更改声明"按钮，即可显示有效载荷的声明。

注意：如果在任何程序中关联某一有效载荷后需更改该有效载荷的名称，则必须同时更改该有效载荷名称的所有具体值。

4. 删除有效载荷

在 ABB 菜单中，依次单击"手动操纵"和"有效载荷"，选择要删除的有效载荷后，单击"编辑"中的"删除"按钮，即完成有效载荷删除。

注意：已删除的有效载荷不能恢复，并且所有相关数据都会丢失，如果有程序关联了这些有效载荷，则必须修改程序后才能运行。

任务实施

一、直接设定有效载荷数据

利用示教器，根据表 2-8 所示设定有效载荷参数，具体操作步骤及说明如表 2-10 所示。

有效载荷数据
设定演示视频

表 2-10　直接设定有效载荷数据的具体操作步骤及说明

操作步骤	操作说明	示意图
1	在"手动操纵"界面中，选择"有效载荷"选项	
2	单击"新建"按钮	
3	单击"确定"按钮	

(续表)

操作步骤	操作说明	示意图
4	选中"load1"选项，单击"编辑"按钮，选择"更改值"选项	
5	将 mass 设为 1kg，cog.z 设为 100mm。单击"确定"按钮，有效载荷数据创建完成	

二、自动测算有效载荷数据

使用服务例行程序 LoadIdentify 自动完成有效载荷数据的测算，达到设置有效载荷的物理属性(例如重量和重心)的目的，该操作具体步骤及说明见项目二任务一中的任务实施。

🔍 任务评价

任务内容：有效载荷数据 loaddata 设定 　　　　　　测评人：

考核内容		标准分	实际得分
直接输入法设定载荷数据	质量设定	10	
	重心设定	10	
LoadIdentify 自动完成设定载荷数据	质量设定	30	
	重心设定	40	
安全文明操作	是否遵守操作规程	10	
总计		100	

习　题

一、填空题

1. 工业机器人"载荷数据"的设定方法有_____和_____。

2. ABB 工业机器人的有效载荷数据中，mass 代表负载的公斤数，单位是_____。

3. 工业机器人有效载荷数据设定需要设定物体的_____、_____等。

4. ABB 工业机器人的有效载荷(loaddata)是指在规定的运动范围内，机器人末端执行器能够承载的_____的最大值。

5. 在 ABB 工业机器人的 loaddata 数据中，cog 表示的是以毫米表示的有效载荷重心在_____坐标系的表达。

二、选择题

1. 当 ABB 工业机器人的有效载荷接近或达到其额定值时，以下哪种情况最不可能发生?(　　)

　　A. 机器人运行不稳定　　　　　　　　　B. 机器人精度提高

　　C. 机器人寿命缩短　　　　　　　　　　D. 机器人能耗增加

2. 关于 ABB 工业机器人的有效载荷数据，以下说法正确的是(　　)。

　　A. 它是机器人的默认参数，无需设置　　B. 它仅用于搬运机器人

　　C. 它是确定机器人实际负载大小的重要工具　D. 它无法更改

3. 在 ABB 工业机器人的有效载荷数据中，cog 分量表示的是(　　)。

　　A. 载荷惯性矩　　　　　　　　　　　　B. 载荷重心位置

　　C. 载荷重量　　　　　　　　　　　　　D. 载荷中心点

4. ABB 工业机器人的有效载荷数据通常用于(　　)。

　　A. 确定机器人末端执行器的尺寸　　　　B. 设定机器人的运动轨迹

　　C. 描述连接到机器人机械接口的负载　　D. 设定机器人的工作速度

5. 在 ABB 工业机器人的编程中，设置有效载荷数据的目的是(　　)。

　　A. 便于机器人识别不同的末端执行器　　B. 优化机器人的运动轨迹

　　C. 确保机器人在操作负载时的稳定性和安全性　D. 便于进行机器人的故障诊断

三、判断题

1. 若搬运的产品比较重且工具的重量也比较重，则需要设置工具及搬运对象的重心和重量。　　　　　　　　　　　　　　　　　　　　　　　　　　　　　(　　)

2. 对于所有 ABB 工业机器人，设置有效载荷数据都是必须的。　　　　　(　　)

3. 如果在任何程序中关联某一有效载荷后需更改该有效载荷的名称，则必须同时更改该有效载荷名称的所有具体值。　　　　　　　　　　　　　　　　　　　(　　)

4. 已删除的工具、工件或有效载荷可以恢复，并且所有相关数据都不会丢失。(　　)

5. 机器人的有效载荷是固定的，不会随着其使用时间的增加而减少。　　(　　)

项目三
工业机器人 I/O 通信配置

任务一　通信总线及 I/O 板配置

知识目标

- 掌握工业机器人 I/O 通信及信号分类;
- 掌握工业机器人通信总线配置;
- 掌握工业机器人 I/O 板结构及配置。

任务描述

利用工业机器人基础应用平台,完成工业机器人通信总线及 I/O 板配置的任务,其主要包括的内容如下:

(1) 配置工业机器人 Profibus 通信总线,其地址为 "8",将 "Input Size(bytes)" 和 "Output Size(bytes)" 设定为 "4";

(2) 配置模块 "DSQC 652",地址为 "10"。

任务描述

知识准备

一、工业机器人通信总线

1. DeviceNet 通信

DeviceNet 是一种基于 CAN 总线的工业控制领域的通信协议,具有网络拓扑结构灵活、数据传输可靠的特点。由于基于 CAN 总线,传输速率相对较低,但在某些应用中仍能满足需求,广泛应用于自动化设备和机器人领域,实现各种设备之间的通信与控制。DeviceNet

是 ABB 机器人系统中用于外部 I/O 通讯的总线协议，可直接兼容支持 DeviceNet 的设备或使用协议转换模块，间接兼容其他类型的模块。

2. Profibus 通信

Profibus 是一种用于自动化技术的现场总线标准，支持高速数据传输，能满足对实时性的较高要求，广泛应用于工业自动化场景(如工厂自动化车间级监控等)，可以实现数据的采集、监控和控制。

3. Profinet 通信

Profinet 是一种基于以太网的工业通信协议，具有高速的数据传输速率，支持多种以太网介质和多种容错机制，能够实现高可靠性的通信。它满足了工业自动化场景下的实时数据传输要求，广泛应用于智能制造、智能物流、智能家居等系统，确保各种设备之间的实时通信。

4. EtherNet/IP 通信

EtherNet/IP 是一种基于以太网的工业控制协议，通过面向对象的通信方式进行数据交互，具有良好的兼容性，可实现与其他设备或系统的集成和通信，支持实时性通信，满足了工业应用对实时性的要求。EtherNet/IP 是一种开放性的协议，支持多种厂商的设备，可实现设备之间的互操作性，其在工业自动化领域得到了广泛应用。

5. CC-Link 通信

CC-Link 是一种先进的现场总线系统，具有较大的数据容量，能够满足复杂工业控制系统的数据传输需求。它适应用不同的网络范围，可以实现机器人与其他设备之间的高速通信和协同工作，支持多机器人同时操作并提供精确的位置和传感器数据。

ABB 工业机器人的通信总线广泛应用于工业自动化、智能制造等领域。通过 Profibus 或 Profinet 总线，工业机器人可以与 PLC 进行实时数据交换，实现生产线的自动化控制；通过 EtherNet/IP 总线，工业机器人可以与上位机进行通信，实现远程监控和管理；通过 DeviceNet 或 CC-Link 总线，工业机器人可以与传感器和执行器等设备进行数据交互，实现精确的控制和监控。表 3-1 为 ABB 工业机器人常用通信形式。

表 3-1 ABB 机器人常用通信形式

ABB 标准	通信总线	PC 端通信
标准 I/O 板 可编程逻辑控制器(PLC)	DeviceNet Profibus Profinet EtherNet/IP CC-Link	串口通信 Socket 通信 其他

ABB 工业机器人通过 Profibus 与 PLC 进行信息交互，需要设定工业机器人端 Profibus 地址和输入输出字节的大小，如表 3-2 和表 3-3 所示。需要注意的是工业机器人端设置的 Profibus 地址需要与 PLC 端添加工业机器人站点时设置的 Profibus 地址保持一致。

表 3-2　工业机器人端 Profibus 地址设置参数

参数名称	设定值	说明
Name	Profibus_Anybus	总线网络(不可编辑)
Identification Label	Profibus Anybus Network	识别标签
Address	8	总线地址
Simulated	No	模拟状态

表 3-3　工业机器人端 Profibus 输入输出字节大小设置参数

参数名称	设定值	说明
Name	PB_Internal_Anybus	板卡名称
Network	Profibus_Anybus	总线网络
VendorName	ABB Robotics	供应商名称
ProductName	Profibus Internal Anybus Device	产品名称
Label	—	标签
Input Size (bytes)	4	输入大小(字节)
Output Size (bytes)	4	输出大小(字节)

二、ABB 机器人信号类型

信号类型与I/O板卡微课视频

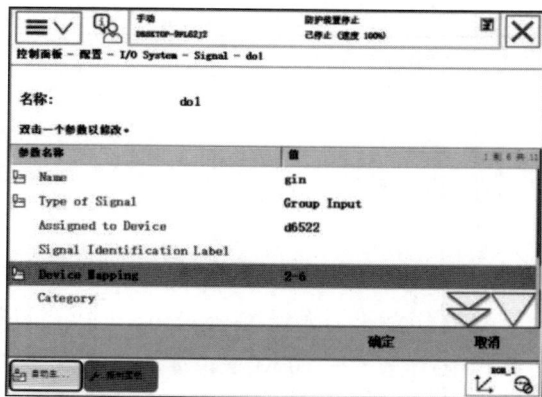

ABB 工业机器人信号类型主要包括数字量信号、模拟量信号和组信号。

(1) 数字量信号：数字量信号是控制系统比较常用的信号之一，可分为数字输入信号和数字输出信号。数字输入信号通常是各种传感器的反馈信号，用于检测系统的状态。数字输出信号则用于控制继电器、接触器、指示灯及各种数字量控制的执行机构。

(2) 模拟量信号：区别于数字量信号，模拟量信号是指信号在一定范围内连续变化的量。模拟量信号分为模拟量输入信号和模拟量输出信号。模拟量输入信号通常是各种传感器的反馈信号，用于检测各种实际物理量，如温度、湿度、压力、长度、重量等。模拟量输出信号通常用于对各种物理量的控制输出，如温度控制、调速控制。

(3) 组信号：在工业机器人信号应用中，将多个数字量信号打包为一个整型数值，实现高效率的通信与控制。组信号本质上仍然是数字量信号，只是将多个信号组合以表示更多的信息。组信号将多个数字量信号二进制编码成十进制数。组信号与数字量信号的区别在于地址长度，组信号可根据需要配置一段地址，中间用 "-" 连接，如图 3-1 所示。

图 3-1　组信号设置界面

三、ABB 机器人标准 I/O 板

常用的 ABB 工业机器人标准 I/O 板型号如表 3-4 所示。本文以 DSQC652 做详细介绍，其通过 DeviceNet 协议进行通讯。

表 3-4 常用的 ABB 机器人标准 I/O 板型号

型号	说明
DSQC651	分布式 I/O 模块 di8/do8/ao2
DSQC652	分布式 I/O 模块 di16/do16
DSQC653	分布式 I/O 模块 di8/do8 带继电器

DSQC652 板主要提供 16 个数字输入信号和 16 个数字输出信号的处理，DSQC652 板组成如图 3-2 所示。图中标号的说明如表 3-5 所示。模块接口说明如表 3-6～表 3-10 所示。

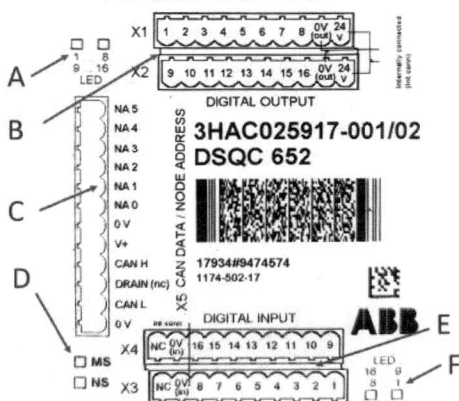

图 3-2 DSQC652 板组成

表 3-5 图中标号说明

标号	说明
A	数字输出信号指示灯
B	X1、X2 数字输出接口
C	X5 即 Device Net 接口
D	模块状态指示灯
E	X3、X4 数字输入接口
F	数字输入信号指示灯

表 3-6 X1 接口说明

X1 编号	使用定义	地址分配
1	OUTPUT CH1	0
2	OUTPUT CH2	1
3	OUTPUT CH3	2
4	OUTPUT CH4	3
5	OUTPUT CH5	4
6	OUTPUT CH6	5
7	OUTPUT CH7	6
8	OUTPUT CH8	7
9	0V	
10	24V	

表 3-7 X2 接口说明

X2 编号	使用定义	地址分配
1	OUTPUT CH9	8
2	OUTPUT CH10	9
3	OUTPUT CH11	10
4	OUTPUT CH12	11
5	OUTPUT CH13	12
6	OUTPUT CH14	13
7	OUTPUT CH15	14
8	OUTPUT CH16	15
9	0V	
10	24V	

表 3-8 *X3* 接口说明

X3 编号	使用定义	地址分配
1	OUTPUT CH1	0
2	OUTPUT CH2	1
3	OUTPUT CH3	2
4	OUTPUT CH4	3
5	OUTPUT CH5	4
6	OUTPUT CH6	5
7	OUTPUT CH7	6
8	OUTPUT CH8	7
9	0V	
10	24V	

表 3-9 *X4* 接口说明

X4 编号	使用定义	地址分配
1	INPUT CH1	8
2	INPUT CH2	9
3	INPUT CH3	10
4	INPUT CH4	11
5	INPUT CH5	12
6	INPUT CH6	13
7	INPUT CH7	14
8	INPUT CH8	15
9	0V	
10	未使用	

ABB 机器人的标准 I/O 板是通过 DeviceNet 现场总线与外部设备进行通信的，需要为 I/O 板设置其在 DeviceNet 总线上的地址，以便在系统中唯一标识该 I/O 板。端子 *X5* 的 7～12 引脚位置用来设定 I/O 板地址，最大值为 63。如图 3-3 所示，第 8 引脚和第 10 引脚的跳线剪去，I/O 板地址设定为 10(2+8)。

表 3-10 *X5* 接口说明

X5 编号	使用定义
1	0V BLACK
2	CAN 信号线 low BLUE
3	屏蔽线
4	CAN 信号线 high WHITE
5	24V RED
6	GND 地址选择公共端
7	NA0
8	NA1
9	NA2
10	NA3
11	NA4
12	NA5

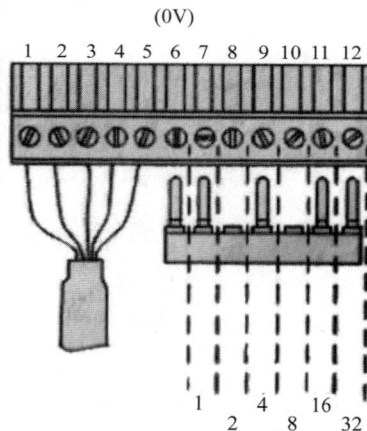

图 3-3 DeviceNet *X5* 端子

🔍 任务实施

一、工业机器人通信总线的配置

利用示教器完成 Profibus 通信总线配置，具体操作步骤及说明如表 3-11 所示。

通信总线配置
演示视频

表 3-11　Profibus 通信总线配置的具体操作步骤及说明

操作步骤	操作说明	示意图
1	单击"主菜单"按钮，选择"控制面板"	
2	选择"配置系统参数"选项	
3	选择"Industrial Network"选项，再单击"显示全部"按钮	
4	选择"PROFIBUS_Anybus"选项，再单击"编辑"按钮	

(续表)

操作步骤	操作说明	示意图
5	将"Address"值设为 8，单击"确定"按钮	
6	单击"否"按钮，待所有参数设定完毕再重启	
7	单击"后退"按钮	
8	选择" PROFIBUS Internal Anybus Device"选项，再单击"显示全部"按钮	

(续表)

操作步骤	操作说明	示意图
9	选择"PB_Internal_Anybus"选项，再单击"编辑"按钮	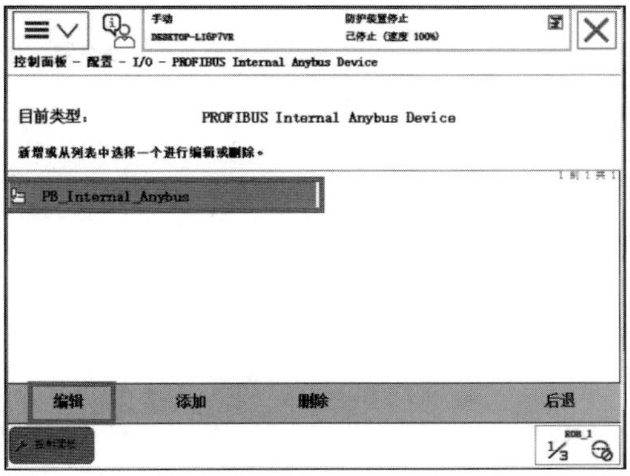
10	将"Input Size(bytes)"和"Output Size (bytes)"设为 4，单击"确定"按钮	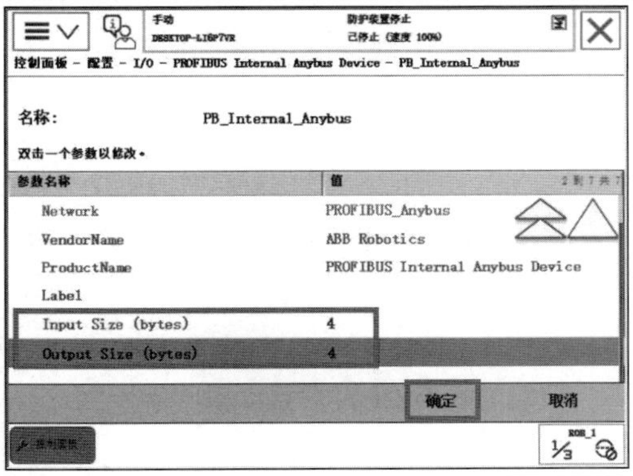
11	单击"是"按钮，完成设定	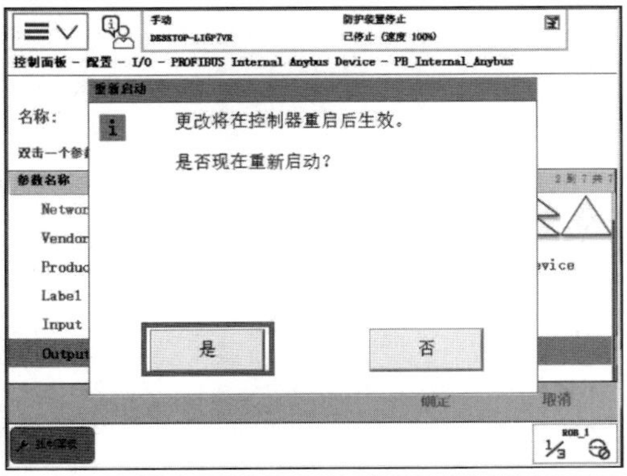

二、工业机器人 I/O 板配置

利用示教器配置 DSQC 652 板，现场总线为 DeviceNet，I/O 板地址为 10，具体操作步骤及说明如表 3-12 所示。

I/O 板配置
演示视频

表 3-12　I/O 板配置的具体操作步骤及说明

操作步骤	操作说明	示意图
1	单击左上角"主菜单"按钮，选择"控制面板"	
2	选择"配置系统参数"选项	
3	选择"DeviceNet Device"选项，再单击"显示全部"按钮	
4	单击"添加"按钮	

(续表)

操作步骤	操作说明	示意图
5	在下拉菜单中选择"DSQC 652 24 VDC I/O Device"选项	
6	名字默认为"d652"，单击 ⤵ 按钮	
7	将"Address"设定为 10，单击"确定"按钮	
8	单击"是"按钮，重启示教器，DSQC 652 板定义完成并生效	

任务评价

任务内容：工业机器人通信总线及 I/O 板配置　　　　　测评人：

考核内容		标准分	实际得分
通信总线配置	总线的配置操作过程是否正确	10	
	总线的配置参数是否正确	25	
I/O 板配置	I/O 板的配置操作过程是否正确	10	
	I/O 板的配置参数是否正确	25	
	I/O 板能否正常使用	20	
安全文明操作	是否遵守操作规程	10	
总计		100	

习　　题

一、填空题

1. ABB 工业机器人的信号类型包括数字输入信号、数字输出信号、模拟量输入信号、模拟量输出信号等，其中_____信号用于接收外部设备的连续变化数据。

2. ABB 工业机器人的信号类型中，_____信号用于接收外部设备的开关状态。

3. 在 ABB 工业机器人中，DI 信号通常用于检测_____的状态，如传感器的开关状态。

4. DSQC 652 板主要提供_____个数字输入信号。

5. I/O 板是通过 DeviceNet 与外部设备进行通信，需设置 I/O 板地址，其最大值为_____。

二、选择题

1. ABB 工业机器人使用的通信总线中，哪个不是常用的？（　　）

　　A. Profibus　　　　　B. Modbus　　　　　C. Ethernet/IP　　　　D. RS-232

2. 关于 ABB 工业机器人的标准 I/O 板，以下哪个说法是错误的？（　　）

　　A. 可以配置不同类型的信号

　　B. 通常具有固定的信号数量

　　C. 可以直接连接到机器人控制器

　　D. 无需进行任何配置即可使用

3. ABB 工业机器人的标准 I/O 板中，DSQC 652 板提供（　　）个数字输出信号。

　　A. 2　　　　　　　B. 4　　　　　　　C. 8　　　　　　　D. 16

4. ABB 工业机器人中，哪个 I/O 板通常不包含模拟量输出功能？（　　）

　　A. DSQC 327A　　B. DSQC 652　　　C. DSQC 351A　　　D. DSQC 668

5. 工业机器人 I/O 板和 I/O 信号创建是在下面哪个模块完成的？（　　）。

　　A. 手动操作　　　B. 程序编辑器　　　C. 程序数据　　　D. 控制面板

三、判断题

1. 在 ABB 工业机器人中，标准 I/O 板都是直接连接到机器人控制器的。　　　　（　　）

2. ABB 工业机器人的通信总线只包括 Profibus 和 Profinet 两种。　　　　（　　）

3. 在 ABB 工业机器人中，DO 信号通常用于控制外部设备的动作。　　　（　　）

4. Profinet 总线在 ABB 工业机器人中常用于高速数据传输和实时通信。　（　　）

5. DSQC 652 板配置完成之后需要重启示教器才能生效。　　　　　　　　（　　）

任务二　I/O 信号配置及测试

知识目标

- 掌握工业机器人数字 I/O 信号的配置；
- 掌握工业机器人模拟 I/O 信号的配置；
- 掌握工业机器人组 I/O 信号的配置。

任务描述

利用工业机器人基础应用平台，在项目三任务一的基础上，完成 I/O 信号配置的任务，根据 I/O 信号表(见表 3-13)，配置数字输入/输出信号、组输入/输出信号，并完成信号测试。

任务描述

表 3-13　I/O 信号表

名称	信号类型	分配设备	设备映射
do0	Digital Output	d652	0
di0	Digital Input	d652	0
di1	Digital Input	d652	1
go0	Group Output	d652	1～4
gi0	Group Input	d652	2～5
WBdo0	Digital Output	PB_Internal _Anybus	0
WBdi0	Digital Input	PB_Internal _Anybus	0

知识准备

ABB 机器人标准 I/O 板 DSQC 651/652 是最为常用的模块，下面以 DSQC 652 为例介绍如何创建数字输入信号 di、数字输出信号 do、模拟量输入信号 ai、模拟量输出信号 ao、组输入信号 gi 和组输出信号 go。

一、定义总线连接

ABB 机器人标准 I/O 板是通过 DeviceNet 现场总线与外部设备进行通信的，需要在 I/O 板 X5 端子上设置其在 DeviceNet 总线上的地址。定义 DSQC 652 板总线连接的相关参数说明，如表 3-14 所示。

表 3-14　DSQC 652 板总线连接的相关参数

参数名称	设定值	说明
Name	d652	设定 I/O 板在系统中的名字
Network	DeviceNet	I/O 板连接的总线
Address	10	设定 I/O 板在总线中的地址

二、I/O 信号配置

1. 定义数字输入/输出信号

数字输入信号 di1 和数字输出信号 do1 的相关参数，分别如表 3-15 和表 3-16 所示。

I/O 信号配置
微课视频

表 3-15　数字输入信号 di1 的相关参数

参数名称	设定值	说明
Name	di1	设定数字输入信号的名字
Type of Signal	Digital Input	设定信号的类型
Assigned to Device	d652	设定信号所在的 I/O 模块
Device Mapping	1	设定信号所占用的地址

表 3-16　数字输出信号 do1 的相关参数

参数名称	设定值	说明
Name	do1	设定数字输出信号的名字
Type of Signal	Digital Output	设定信号的类型
Assigned to Device	d652	设定信号所在的 I/O 模块
Device Mapping	2	设定信号所占用的地址

2. 定义模拟量输入/输出信号

模拟量输入信号 ai1 和输出信号 ao1 的相关参数如表 3-17 所示。

表 3-17　模拟量信号的相关参数及说明

参数名称	设定值	说明
Name	ai1/ao1	设定模拟量输入/输出信号的名字
Type of Signal	Analog Input /Analog Output	设定信号的类型
Assigned to Device	d652	设定信号所在的 I/O 模块
Device Mapping	0～15	设定信号所占用的地址
Analog Encoding Type	Unsigned	设定模拟量信号的属性
Maximum Logical Value	10	设定最大逻辑值
Maximum Physical Value	10	设定最大物理值
Maximum Bit Value	65 535	设定最大位值

3. 定义组输入/输出信号

(1) 定义组输入信号。

组输入信号就是将几个数字输入信号组合起来使用，用于接收外围设备输入的 BCD 编码的十进制。例如，gi1 占用地址 1～4 共 4 位，可以代表十进制数 0～15，以此类推，如果占用 5 位地址的话，可以代表十进制数 0～31。组输入信号 gi1 的相关参数及说明如表 3-18 所示。

表 3-18　组输入信号 gi1 的相关参数及说明

参数名称	设定值	说明
Name	gi1	设定组输入信号的名字
Type of Signal	Group Input	设定信号的类型
Assigned to Device	d652	设定信号所在的 I/O 模块
Device Mapping	1～4	设定信号所占用的地址

(2) 定义组输出信号。

组输出信号就是将几个数字输出信号组合起来使用，用于输出 BCD 编码的十进制数。

例如，go1 占用地址 3～6 共 4 位，可以代表十进制数 0～15，以此类推，如果占用地址 5 位的话，可以代表十进制数 0～31。组输出信号 go1 的相关参数及说明如表 3-19 所示。

表 3-19　组输出信号 go1 的相关参数及说明

参数名称	设定值	说明
Name	go1	设定组输出信号的名字
Type of Signal	Group Output	设定信号的类型
Assigned to Device	d652	设定信号所在的 I/O 模块
Device Mapping	3～6	设定信号所占用的地址

任务实施

一、I/O 信号配置

I/O 信号配置
演示视频

在项目三任务一的基础上，利用示教器完成配置数字输入/输出信号、组输入/输出信号，并完成信号测试，具体操作步骤及说明如表 3-20 所示。

表 3-20　I/O 信号配置的具体操作步骤及说明

操作步骤	操作说明	示意图
1	选择 "Signal" 选项，再单击 "显示全部" 按钮	

操作步骤	操作说明	示意图
2	单击"添加"按钮	
3	将"Name"设为 do0，"Type of Signal"设为 Digital Output，"Assigned to Device"设为 d652，"Device Mapping"设为 0，单击"确定"按钮	
4	单击"否"按钮	
5	单击"添加"按钮	

操作步骤	操作说明	示意图
6	将 "Name" 设为 di0，"Type of Signal" 设为 Digital Input，"Assigned to Device" 设为 d652，"Device Mapping" 设为 0，单击 "确定" 按钮	
7	单击 "否" 按钮	
8	单击 "添加" 按钮	
9	将 "Name" 设为 di1，"Type of Signal" 设为 Digital Input，"Assigned to Device" 设为 d652，"Device Mapping" 设为 1，单击 "确定" 按钮	

(续表)

操作步骤	操作说明	示意图
10	单击"否"按钮	
11	将"Name"设为 go0,"Type of Signal"设为 Group Output,"Assigned to Device"设为 d652,"Device Mapping"设为 1～4,单击"确定"按钮	
12	单击"否"按钮	
13	单击"添加"按钮	

操作步骤	操作说明	示意图
14	将"Name"设为 gi0,"Type of Signal"设为 Group Input,"Assigned to Device"设为 d652,"Device Mapping"设为 2～5,单击"确定"按钮	
15	单击"否"按钮	
16	单击"添加"按钮	
17	创建外部信号,将"Name"设为 WBdo0,"Type of Signal"设为 Digital Output,"Assigned to Device"设为 PB_Internal_Anybus,"Device Mapping"设为 0,单击"确定"按钮	

（续表）

操作步骤	操作说明	示意图
18	单击"否"按钮	
19	单击"添加"按钮	
20	将"Name"设为 WBdi0，"Type of Signal"设为 Digital Input，"Assigned to Device"设为 PB_Internal_Anybus，"Device Mapping"设为 0，单击"确定"按钮	
21	单击"是"按钮，重启示教器，DSQC652板上信号定义完成并生效	

任务评价

任务内容：工业机器人 I/O 信号配置　　　　　　测评人：

	考核内容	标准分	实际得分
I/O 信号配置	信号配置操作过程是否正确	10	
	数字输入信号配置是否正确	20	
	数字输出信号配置是否正确	10	
	组输入信号配置是否正确	20	
	组输出信号配置是否正确	20	
	信号能否正常使用	10	
安全文明操作	是否遵守操作规程	10	
	总计	100	

习　题

一、填空题

1. 配置 I/O 信号后，通常需要进行_____操作以确保配置生效。

2. ABB 机器人的 I/O 信号配置中，通常使用_____来表示信号的状态。

3. 在 ABB 工业机器人中 I/O 信号配置通常涉及_____和输出信号的配置。

4. 在 ABB 工业机器人中 I/O 信号配置通常通过_____软件或机器人示教器进行。

5. 配置 ABB 工业机器人 I/O 信号时，应确保信号地址在_____范围内，避免冲突。

二、选择题

1. 在 ABB 机器人 I/O 信号配置中，地址通常是如何分配的？（　　）

　　A. 手动指定　　　　　　　　　　　　B. 自动分配

　　C. 随机分配　　　　　　　　　　　　D. 由外部设备决定

2. 以下哪个不是 ABB 工业机器人 I/O 信号配置过程中可能出现的错误？（　　）

　　A. 信号名称重复　　　　　　　　　　B. 信号类型不匹配

　　C. I/O 模块未连接　　　　　　　　　D. 机器人电池电量低

3. 在 ABB 工业机器人中，以下哪个不是配置 I/O 信号时需要考虑的因素？（　　）

　　A. I/O 模块类型　　　B. 机器人型号　　　C. 信号名称　　　　D. 信号类型

4. 以下（　　）代表组输出信号。

　　A. Digital Input　　　B. Digital Output　　　C. Group Output　　　D. Analog Input

5. ABB 工业机器人 I/O 信号配置完成后，需要进行什么操作以确保配置生效？（　　）

　　A. 重启机器人　　　　　　　　　　　B. 重新启动 RAPID 程序

　　C. 清除系统缓存　　　　　　　　　　D. 无需任何操作

三、判断题

1. I/O 信号分为数字量信号、模拟量信号、组信号三大类。　　　　　　　　（　　）

2. I/O 信号配置时，信号名应遵循一定的命名规范以提高程序的可读性。　　（　　）

3. 在配置 I/O 信号时，必须确保 I/O 模块与机器人控制器正确连接。　　（　　）

4. 在 I/O 信号配置过程中，信号数据类型不匹配可能导致通信失败。　　（　　）

5. 在配置 I/O 信号时，信号的逻辑功能与实际需求的一致性至关重要。　　（　　）

任务三　I/O 信号关联及仿真

知识目标

- 掌握 I/O 信号的强制仿真及测试；
- 掌握系统信号的设置及关联；
- 掌握可编程按键的设置及关联。

任务描述

利用工业机器人基础应用平台，在项目三任务二的基础上，完成工业机器人 I/O 信号的关联及仿真任务，主要包括的内容如下：

任务描述

(1) 完成系统输入动作"Motors On""Start at Main"和系统输出动作"Auto On"分别与 I/O 信号的 di0、di1 和 do0 关联并测试；

(2) 完成 I/O 信号仿真配置和强制操作；

(3) 完成可编程控制按键与数字输出信号"do0"关联并测试，可编程控制按键 2 与"系统"输出信号关联。

知识准备

一、I/O 信号的关联与仿真

1. I/O 信号关联

I/O 信号关联，即输入/输出信号关联，是指将数字输入信号与系统的控制信号关联起来，可对系统进行控制(例如开启电动机、启动程序等)；将数字输出信号与系统的状态信号关联起来的过程，将系统的状态输出给外围设备。通过这种方式，可以实现通过 I/O 信号对系统进行控制、监视和状态反馈。建立系统输入"电动机开启"与数字输入信号 di0 的关联，如图 3-4 所示；建立系统输出"自动开启"与数字输出信号 do0 的关联，如图 3-5 所示。

图 3-4 "电动机开启"与信号 di0 关联

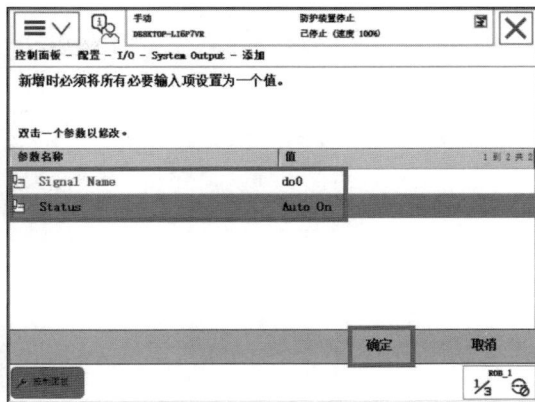

图 3-5 "自动开启"与信号 do0 关联

2. I/O 信号仿真及强制操作

I/O 信号仿真，也称为输入/输出信号仿真，通常用于模拟机器人或自动化系统中的信号交互，有助于在真实环境之外测试和验证系统的功能和性能。强制操作通常指的是在特定情况下对系统或设备进行非正常的控制或干预，在仿真环境中可以强制设置某个信号的值，以测试系统在不同信号状态下的响应。在工作站逻辑设置中可强制改变某些逻辑条件，有助于验证逻辑的正确性或测试系统在异常情况下的响应。

仿真和强制操作分别对应输入信号和输出信号，输入信号是外部设备发送给机器人的信号，为了方便模拟外部设备的信号场景，可使用仿真操作对输入信号赋值。对于输出信号，则可以直接进行强制赋值操作。

选中一个输入信号，单击"仿真"按钮，如图 3-6 所示。

单击"1"按钮，将 di1 的状态仿真为"1"，如图 3-7 所示。当仿真结束后，单击"消除仿真"按钮，di1 重新为 0。如果选择的是组信号或者模拟量信号，则单击"123..."按钮，再输入一个数值。

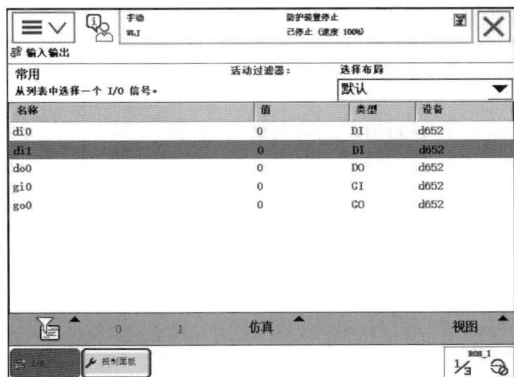

图 3-6 仿真界面

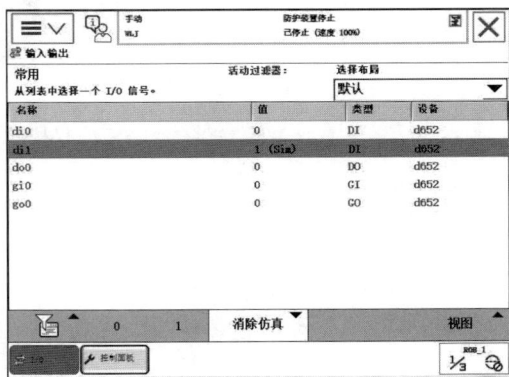

图 3-7 输入信号值

选中一个输出信号 do1，通过单击"0"和"1"按钮，对 do1 的状态进行强制操作。如果是组信号或模拟量信号，则单击"123..."按钮，再输入一个数值，如图 3-8 所示。

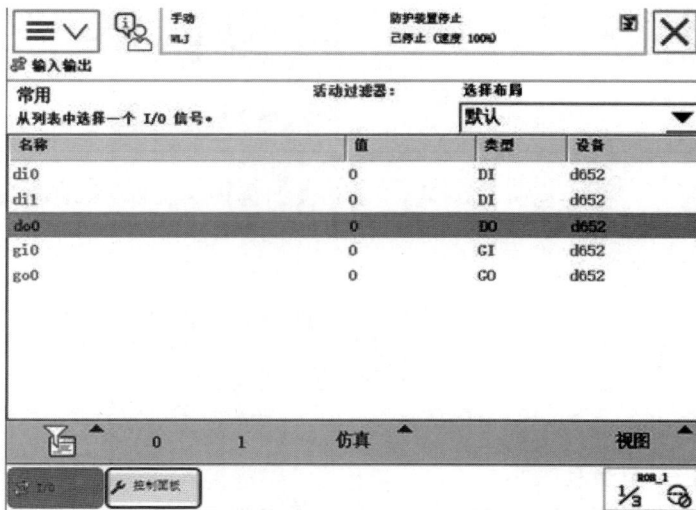

图 3-8 强制仿真输入

二、可编程控制按键

　　可编程控制按键在工业机器人编程过程中非常重要,允许用户自定义按键的功能,从而提高工作效率和操作的灵活性。通过对可编程控制按键关联 I/O 信号,用户可以方便地对 I/O 信号进行强制和仿真操作。示教器上可编程控制按键如图 3-9 所示。

可编程控制按键
微课视频

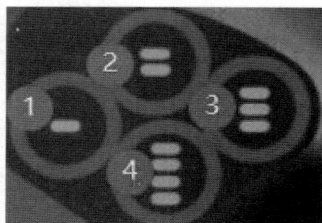

图 3-9 可编程控制按键

①可编程按键 1; ②可编程按键 2; ③可编程按键 3; ④可编程按键 4

　　有多种按键方式可以选择,如图 3-10 所示。

　　具体说明如下:

☆ 切换:每按一次按键,信号在 1 和 0 之间切换。

☆ 设为 1:按下按键将信号置为 1。

☆ 设为 0:按下按键将信号置为 0。

☆ 按下/松开:长按按键,信号置为 1,松开按键信号重置为 0。

☆ 脉冲:按下按键,信号置为 1,然后自动重置为 0。

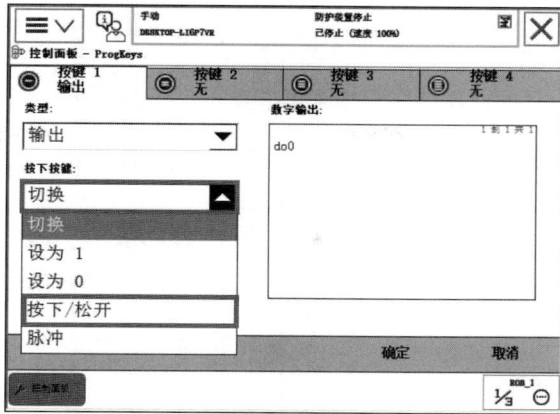

图 3-10　可编程控制按键设置界面

任务实施

一、系统输入输出设置

在项目三任务二的基础上，利用示教器完成系统输入输出与 I/O 信号关联，具体操作步骤及说明如表 3-21 所示。

系统输入输出设置
演示视频

表 3-21　系统输入输出设置的具体操作步骤及说明

操作步骤	操作说明	示意图
1	在系统配置界面，选择"System Input"选项，单击"显示全部"按钮	
2	单击"添加"按钮	

(续表)

操作步骤	操作说明	示意图
3	将"Signal Name"设为 di0,将"Action"设为 Motors On(电机上电),单击"确定"按钮	
4	单击"否"按钮	
5	单击"添加"按钮	
6	将"Signal Name"设为 di1,将"Action"设为 Start at Main(开始于主程序),将"Argument 1"设为 Continuous,单击"确定"按钮	

（续表）

操作步骤	操作说明	示意图
7	单击"否"按钮	
8	单击"后退"按钮	
9	选择"System Output"选项，单击"显示全部"按钮	
10	单击"添加"按钮	

(续表)

操作步骤	操作说明	示意图
11	将"Signal Name"设为do0，将"Status"设为Auto On(自动开启)，单击"确定"按钮	
12	单击"是"按钮，重启示教器完成设定	

二、I/O 信号的仿真及强制操作

利用示教器完成 I/O 信号的仿真及强制操作，具体操作步骤及说明如表 3-22 所示。

I/O 信号的仿真及
强制演示视频

表 3-22　I/O 信号的仿真及强制操作的具体操作步骤及说明

操作步骤	操作说明	示意图
1	单击左上角"主菜单"按钮，选择"控制面板"	

(续表)

操作步骤	操作说明	示意图
2	选择"I/O"选项	
3	单击"全部"按钮,再单击"应用"按钮	
4	单击左上角的"主菜单"按钮,选择"输入输出"	
5	选择"di0"选项,单击"仿真"按钮,可对"di0"进行仿真操作,仿真结束后,再单击"消除仿真"按钮	

(续表)

操作步骤	操作说明	示意图
6	选择"gi0"选项，单击"仿真"按钮，再单击"123…"按钮，可以输入在限值范围内的数字进行仿真操作，仿真结束后，单击"消除仿真"按钮	
7	选择"do0"选项，单击"仿真"按钮，可对"do0"进行仿真操作，仿真结束后，再单击"消除仿真"按钮	
8	选择"go0"选项，单击"仿真"按钮，再单击"123…"按钮，可以输入在限值范围内的数字进行仿真操作，仿真结束后，单击"消除仿真"	

三、可编程控制按键关联与测试

利用示教器关联可编程控制按键与 I/O 信号关联并测试，具体操作步骤及说明如表 3-23 所示。

可编程控制按键关联与测试演示视频

表 3-23　可编程控制按键关联与测试的具体操作步骤及说明

操作步骤	操作说明	示意图
1	单击左上角"主菜单"按钮,选择"控制面板"	
2	选择"配置可编程按键"选项	
3	将"类型"设置为"输出",将"按下按键"设置为"切换"选项,将"数字输出"设置为"do0"	
4	单击"按键 2"按键,将"类型"设置为"系统",再单击"确定"按钮	

任务评价

任务内容：I/O 信号关联及仿真　　　　　　测评人：

考核内容		标准分	实际得分
系统输入输出配置	系统输入参数配置是否正确	15	
	系统输出参数配置是否正确	15	
信号的仿真及强制操作	信号监控操作是否正确	15	
	信号仿真操作是否正确	15	
可编程控制按键设定	按键定义操作是否正确	15	
	按键关联测试是否正确	15	
安全文明操作	是否遵守操作规程	10	
总计		100	

习　　题

一、填空题

1. ABB 工业机器人示教器上可编程控制按键有_____个。

2. ABB 机器人 I/O 信号配置完成后，可以通过_____模块查看配置结果。

3. I/O 信号仿真允许用户模拟量输入信号，从而测试工业机器人对_____的响应。

4. 进行 I/O 信号仿真时，可以通过模拟_____信号来测试机器人的响应。

5. 可编程控制按键在"输出"类型模式下，其按键方式有_____种。

二、选择题

1. ABB 工业机器人 I/O 信号关联操作的作用不包括(　　)。

  A. 控制机器人系统　　　　　　　　　　B. 监控机器人状态

  C. 控制外部设备　　　　　　　　　　　D. 编程机器人动作

2. 关于 ABB 工业机器人 I/O 信号仿真操作，以下说法正确的是(　　)。

  A. 仿真操作会改变机器人的实际状态　　B. 仿真操作仅用于测试，不影响实际运行

  C. 仿真操作必须在实际机器人上进行　　D. 仿真操作仅适用于数字输入信号

3. ABB 工业机器人的可编程按键主要用于进行(　　)。

  A. 机器人开关　　　　　　　　　　　　B. 程序控制

  C. 示教器操作　　　　　　　　　　　　D. 机器人维修

4. ABB 工业机器人 I/O 信号关联错误可能导致(　　)。

  A. 机器人停止工作　　　　　　　　　　B. 机器人速度变慢

  C. 通信故障　　　　　　　　　　　　　D. 机器人损坏

5. 关于 ABB 工业机器人 I/O 信号的描述，正确的是(　　)。

  A. 所有信号都是模拟量信号　　　　　　B. 所有信号都是数字信号

  C. 信号类型根据需求选择　　　　　　　D. 信号类型由机器人自动确定

三、判断题

1. ABB 工业机器人可编程按键的配置仅涉及按键与机器人动作的关联。　　（　　）

2. ABB 工业机器人 I/O 信号的配置必须在连接机器人控制器的情况下进行。　（　　）

3. ABB 工业机器人的 I/O 信号关联是自动完成的，无需用户设置。　　（　　）

4. ABB 工业机器人的可编程按键只能设置一个响应动作。　　（　　）

5. I/O 信号的响应时间和信号质量对工业机器人的运行没有影响。　　（　　）

项目四
工业机器人绘图项目编程与操作

任务一　创建程序模块及例行程序

知识目标

- 了解程序结构及程序数据;
- 了解数据类型及运算符;
- 掌握程序模块的创建及加载;
- 掌握例行程序的创建及加载。

任务描述

利用工业机器人基础应用技术平台(见图 4-1),熟悉 RAPID 程序的基本框架结构,完成创建工业机器人的程序模块及例行程序的任务。

任务描述

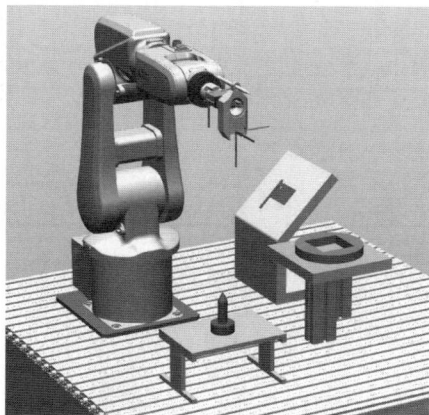

图 4-1　工业机器人基础应用技术平台

知识准备

一、程序结构及程序数据

1. 程序及结构

示教型机器人本身就是一种拥有控制系统，可独立运行的自动化设备。程序是编程人员根据工艺要求编制控制系统能够识别的命令，使机器人完成所有需要的动作。ABB 机器人采用的编程语言为 RAPID，它是目前工业机器人中程序结构复杂，指令功能齐全，操作丰富的编程语言之一。

RAPID 程序的架构图如图 4-2 所示。

程序结构
微课视频

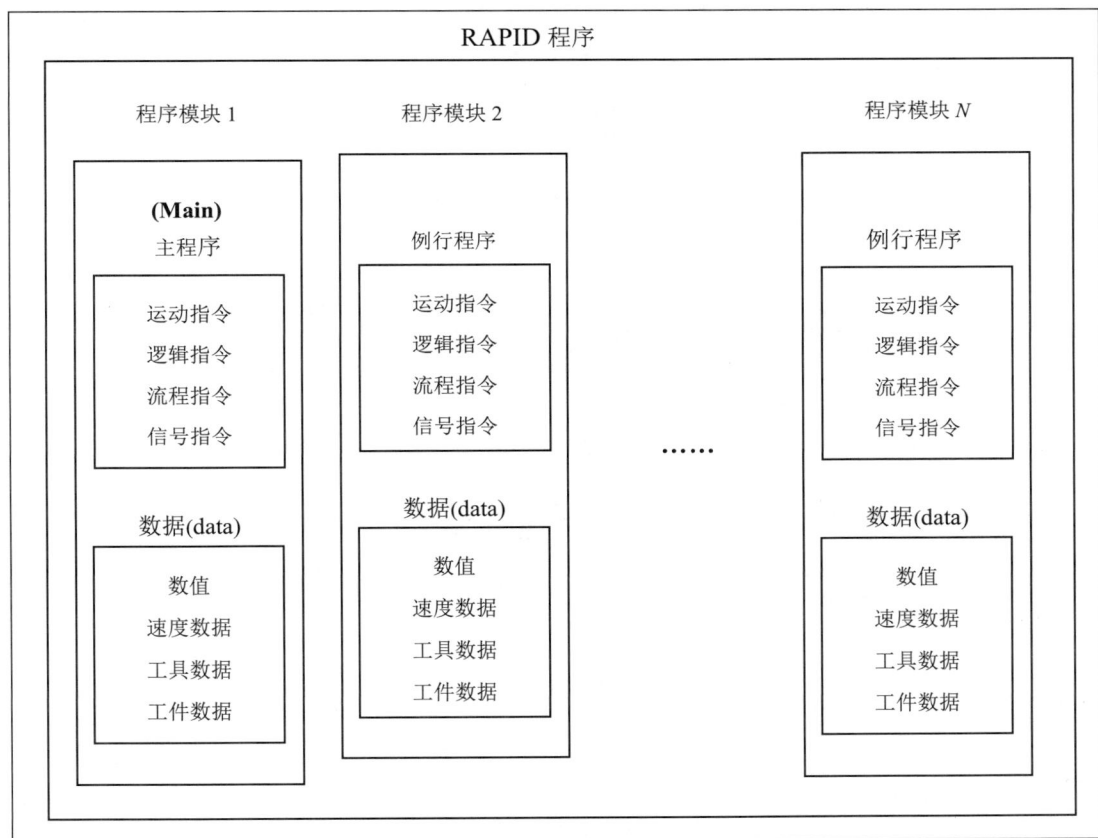

图 4-2　RAPID 程序的架构图

(1) RAPID 程序由程序模块与系统模块组成。一般通过新建程序模块构建工业机器人的程序，而系统模块多用于系统方面的控制。

(2) 可以根据不同的用途创建多个程序模块，如专门用于主控制的程序模块，用于位置计算的程序模块，用于存放数据的程序模块，这样便于归类管理不同用途的例行程序与数据。

(3) 每一个程序模块包含了程序数据、例行程序、中断程序和功能四种对象，但不一定在一个模块中都有这四种对象，程序模块之间的数据、例行程序、中断程序和功能是可以互相调用的。

(4) 在 RAPID 程序中，只有一个主程序 main 且存在于任意一个程序模块中，它作为整个程序执行的起点。

2. 程序数据

程序数据是程序模块或系统模块中设定的值和定义的一些使用数据。在建立程序指令时，会自动生成对应的程序数据，也可以单独创建程序数据，程序数据可通过同一个模块或其他模块中的指令进行引用。

ABB 工业机器人的程序数据可在示教器的程序数据界面查看，如图 4-3 所示。常用的程序数据及说明如表 4-1 所示。

程序数据
微课视频

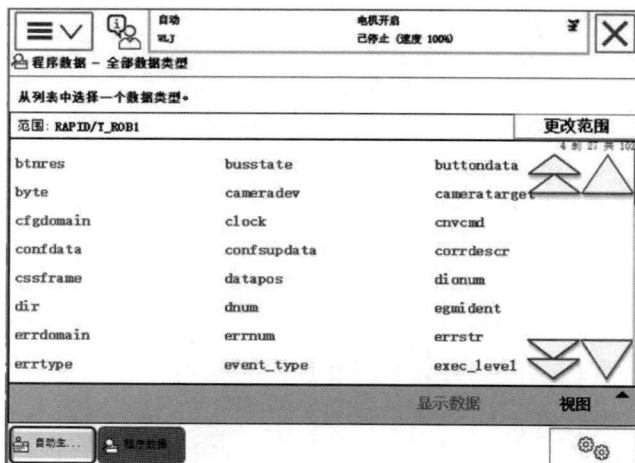

图 4-3　程序数据界面

表 4-1　常用的程序数据及说明

程序数据	说明	程序数据	说明
bool	逻辑值数据	pos	位置数据(只有 X、Y 和 Z 参数)
byte	整数数据 0～255	string	字符串
clock	计时数据	robjoint	轴角度数据
dionum	数字输入/输出信号数据	robtarget	工业机器人与外轴的位置数据
extjoint	外轴位置数据	speeddata	工业机器人与外轴的速度数据
jointtarget	关节位置数据	tooldata	工具数据
loaddata	有效载荷数据	trapdata	中断数据
num	数值数据	wobjdata	工件坐标数据
orient	姿态数据	zonedata	工具中心点转弯半径数据

二、数据类型与运算符

数据类型
微课视频

1. 数据类型

ABB 工业机器人数据存储描述了机器人控制器内部的各项属性，ABB 机器人控制器数据类型多达 100 余种，其中常见的数据类型包括基本数据、运

动相关数据、I/O 数据等。

(1) 基本数据。

bool 逻辑值：逻辑状态下赋予的真值或假值。逻辑值有两种情况：成立和不成立。成立则逻辑值为真，使用 true 或 1 表示；不成立则逻辑值为假，使用 false 或 0 表示。

byte 字节值：用于计量存储容量的一种计量单位，取值范围为 0～255。

num 数值：变量、可存储整数或小数整数，取值范围为 -8 388 607～8 388 608。

string 字符串：字符串是由数字、字母、下划线组成的一串字符，它在编程语言中表示文本的数据类型。

(2) 运动相关数据。

robtarget 位置数据：定义工业机器人和附加轴的位置。

robjoint 关节数据：定义工业机器人各关节的位置。

speeddata 速度数据：定义工业机器人的移动速率。

zonedata 区域数据：也称为转弯半径，用于定义工业机器人如何接近下一个移动目标点位置。

tooldata 工具数据：用于定义工具的特征。

wobjdata 工件数据：用于定义工件的特征。

loaddata 载荷数据：用于定义工业机器人末端安装的负载。

(3) I/O 数据。

dionum 数字值：取值为 0 或 1，用于处理数字 I/O 信号。

signaldi/do 数字输入/输出信号：分别用于接收和控制二进制信号，如开关接通是 1、断开是 0。

signalgi/go 数字量输入/输出信号组：组合了多个数字量输入信号和输出信号，分别可以同时处理多个输入信号和控制多个设备或执行器。

signalai 模拟量输入：输入为连续变化的物理量，如温度、压力等，由相应的传感器感应测得，并经过变送器转变为电信号送入控制器的模拟输入口。

signalao 模拟量输出：系统通过输出连续可变的模拟信号来表示某种物理量或控制参数，常用于测量和控制系统中，能够提供高精度和连续性的信号。

(4) 数据存储类型。

ABB 工业机器人数据存储分为三种类型。

CONST 常量：数据在定义时已赋予了数值，在程序运行期间不能被改变，除非手动修改。

VAR 变量：数据在程序执行过程中停止时，会保持当前的值，但如果程序指针被移动到主程序后，数据就会丢失。

PERS 可变量：无论程序的指针如何移动或程序如何执行，都会保持最后被赋予的值，直到对其进行重新赋值。

2. 运算符

(1) 运算符优先级。

运算符优先级如表 4-2 所示。

运算符微课视频

表 4-2 运算符优先级

优先级(依次递减)	操作符
最高	*、/、DIV、MOD
	+、-
↓	<>、<>、<=、>=、=
	AND
最低	XOR、OR、AND

先求解优先级较高的运算符的值,然后再求解优先级较低的运算符的值。优先级相同的运算符则按从左到右的顺序求值。运算示例如表 4-3 所示。

表 4-3 运算示例表

示例表达式	求值顺序	备注
a+b+c	(a+b)+c	按从左到右的顺序
a+b* c	a+(b * c)	*高于+
a OR b ORc	(a OR b)ORc	按从左到右的顺序
a AND b OR c AND d	(a AND b)OR(c AND d)	AND 高于 OR
a <b AND c<d	(a <b)AND(c<d)	< 高于 AND

(2) 算术运算符与逻辑运算符。

算数运算符(见表 4-4)用于数值计算的求解,而逻辑运算符(见表 4-5)用于逻辑计算并得到结果,其结果为逻辑值(TRUE/FALSE)。

表 4-4 算数运算符

运算符	操作	运算元类型	结构类型
+	加法	num+num; dnum +dnum	num dnum
+	矢量加法	pos+pos	pos
-	减法	num - num; dnum - dnum	num dnum
-	矢量减法	pos - pos	pos
*	乘法	num*num; dnum *dnum	num dnum
*	矢量数乘或矢积	num*pos; pos*pos	pos
DIV	整数除法	num DIV num; dnum DIV dnum	num dnum
MOD	整数模运算,求余数	num MOD num; dnum MOD dnum	num dnum

表 4-5 逻辑运算符

运算符	操作	运算元类型	结构类型
<	小于	num<num; dnum <dnum	bool
<=	小于等于	num<=num; dnum <= dnum	bool
=	等于	任意类型=任意类型	bool
>	大于	num > num; dnum > dnum	bool
>=	大于等于	num >= num; dnum >= dnum	bool

(续表)

运算符	操作	运算元类型	结构类型
<>	不等于	任意类型<>任意类型	bool
AND	与	bool AND bool	bool
XOR	异或	bool XOR bool	bool
OR	或	bool OR bool	bool
NOT	非	NOT bool	bool

(3) 字符串运算符。

字符串运算符+把两个字符串连接成一个字符串，示例如表 4-6 所示。例如，'IN' +'PUT' 得到结果'INPUT'。

表 4-6　字符串运算符示例

运算符	操作	运算元类型	结构类型
+	串连接	sting + string	string

🔍 任务实施

一、创建工业机器人程序模块

利用示教器创建程序模块，名为"M1"，具体操作步骤及说明如表 4-7 所示。

程序模块创建微课视频

表 4-7　创建程序模块的具体操作步骤及说明

操作步骤	操作说明	示意图
1	单击左上角"主菜单"按钮，选择"程序编辑器"	

操作步骤	操作说明	示意图
2	单击"取消"按钮	
3	单击"文件"按钮，选择"新建模块"选项	
4	单击"是"按钮	
5	修改名称，选择类型"Program"，再单击"确定"按钮，程序模块创建完成	

二、创建工业机器人例行程序

利用示教器创建例行程序，具体操作步骤及说明如表 4-8 所示。

例行程序创建
微课视频

表 4-8　创建例行程序的具体操作步骤及说明

操作步骤	操作说明	示意图
1	选择"例行程序"选项	
2	单击"文件"按钮，选择"新建例行程序"选项	
3	修改名称，再单击"确定"按钮，例行程序创建完成	

任务评价

任务内容：创建程序模块及例行程序　　　　　　测评人：

考核内容		标准分	实际得分
程序模块的创建	创建程序模块的操作过程是否正确	15	
	程序模块设置是否正确	20	
例行程序的创建	创建例行程序的操作过程是否正确	15	
	例行程序设置是否正确	20	
程序模块的加载	程序模块加载是否正确	20	
安全文明操作	是否遵守操作规程	10	
总计		100	

习　　题

一、填空题

1. 在 ABB 工业机器人的 RAPID 程序中，!符号作为逻辑非运算符，用于对布尔值进行_____操作。

2. ABB 工业机器人的程序模块可以通过 MODULE 指令进行定义，并通过_____指令来结束定义。

3. 在 RAPID 程序中，数据类型 string 用于声明一个_____类型的数据，可以存储文本信息。

4. 每一个程序模块包含_____、_____、_____、_____四部分。

5. 在 ABB 机器人示教器中，加载模块到主模块通常通过_____菜单项下的"加载模块"功能。

二、选择题

1. 在 RAPID 程序中，有(　　)个主程序。
   A. 1　　　　　　　　B. 2　　　　　　　　C. 3　　　　　　　　D. 4

2. 在 RAPID 中，数据类型(　　)用于存储布尔值(真/假)。
   A. num　　　　　　B. bool　　　　　　C. str　　　　　　　D. dnum

3. 工具中心点转弯半径数据的程序数据为(　　)。
   A. zonedata　　　B. extjoint　　　　C. wobjdata　　　　D. num

4. 在 RAPID 程序中，运算符(　　)用于检查一个值是否不等于另一个值。
   A. =　　　　　　　B. <>　　　　　　　C. !=　　　　　　　D. ~=

5. robtarget 的位置数据为(　　)。
   A. 定义机械臂和附和轴的位置　　　　B. 定义机械臂各关节的位置
   C. 定义机械臂和轴移动速率　　　　　D. 定义工件的位置及状态

三、判断题

1. 在示教器中加载一个程序模块后，可以在主程序中调用其中的例行程序。　（　　）
2. 一旦创建程序模块，就不能被修改或删除。　（　　）
3. "+"运算符在 RAPID 中只能用于数值相加，不能用于字符串连接。　（　　）
4. 在示教器创建新的程序模块和创建新的例行程序是同一个过程。　（　　）
5. ABB 示教器中的"程序编辑器"是编写和调试 RAPID 程序的唯一工具。　（　　）

任务二　绘图轨迹基础编程与操作

🔍 知识目标

- 掌握基本运动指令格式及应用；
- 掌握速度/加速度指令格式及应用；
- 掌握绘图轨迹基本程序编程及操作。

🔍 任务描述

利用工业机器人基础应用技术平台(见图 4-4)，完成末端夹具的安装，利用示教器编写程序完成"古铜币"轨迹，如图 4-5 所示。

任务描述

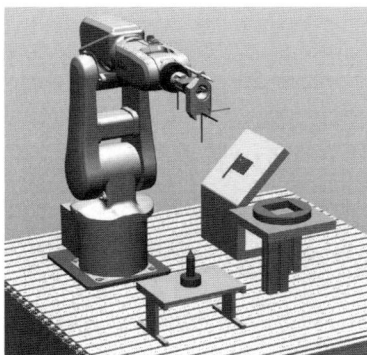

图 4-4　工业机器人基础应用技术平台

图 4-5　"古铜币"轨迹图

🔍 知识准备

一、工业机器人基本运动指令

1. 绝对关节运动指令 MoveAbsJ

MoveAbsJ (绝对关节运动)指令是将机器人或者外部轴移动到一个绝对位置，它使用六个轴和外轴的角度值来定义目标位置数据，在需要精确控制机器人到达特定关节角度的场景下使用，常用于使机器人的六个轴回到机械

运动指令
微课视频

零点的位置。

常见语句格式：

MoveAbsJ ToJointPos [\NoEOffs] Speed [\V] | [\T] Zone [\Z] Tool [\Wobj]

ToJointPos：目标关节位置，数据类型为 jointtarget，通常由一系列的关节角度来定义。

[\NoEOffs]：外轴不带偏移数据。如果 NoEOffs 设为 1，MoveAbsJ 运动将不受外部轴的激活偏移量的影响。

Speed：工业机器人运动所用的速度数据。

[\V]：速度，数据类型为 num，用来在程序中指定 TCP 的速度，单位为 mm/s，它替代在速度数据中指定的相应的速度。

[\T]：时间，数据类型为 num，用来指定运动的总时间，单位为 s，它替代相应的速度数据。

Zone：描述了接近目标位置过程产生的转弯半径大小。

[\Z]：Zone，数据类型为 num，用来在程序中直接指定 TCP 的位置精度，转弯半径的单位为 mm，替代 Zone 数据中指定的相应数据。

Tool：运动过程中所使用的工具数据。

[\Wobj]：运动过程中使用的工件数据。

例如：

CONST jointtarget jpos10:=[[0,0,0,0,0,0] , [9E+09,9E+09,9E+09,9E+09,9E+09,9E+09]];

解析：关节目标点数据中各关节轴为零度，如图 4-6 所示。

MoveAbsj jpos10\NoEoffs,v100,z50,tool0\wobj:=wobj0;

解析：工业机器人运行至各关节轴零度位置。

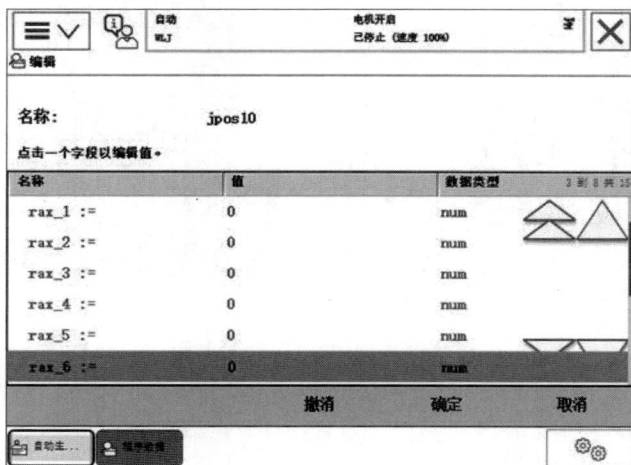

图 4-6　各关节轴为零度

2. 直线运动指令 MoveL

MoveL(直线运动)指令是工业机器人的 TCP 以线性移动方式从当前位置运动至目标点，路径保持为直线。该指令运动状态可控，运动路径保持唯一，一般应用在涂胶、焊接等路径要求较高的场合。如图 4-7 所示，工业机器人 TCP 从当前位置 p10 处运动至 p20 处，运动轨迹为直线。

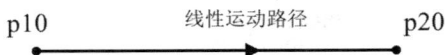

p10　　　　　线性运动路径　　　　p20

图 4-7　直线运动轨迹

MoveL 语句格式和 MoveAbsJ 的格式类似，但在目标点有所区别，MoveAbsJ 的目标点指的是关节位置，而 MoveL 的目标点不是。

MoveL 语句的常用格式如下：

MoveL ToPoint,Speed[\V],Zone[\Z] tool [\Wobj];

位置目标(ToPoint)：工业机器人和外部轴的目标点，数据类型是 robtarget，通常是一个已命名的位置或者可以直接在指令中指定，使用*作为默认值表示当前位置。

(1) MoveL p20,v1000, z50, tool1\WObj:=wobj1;

解析：工业机器人工具数据 tool1 上的 TCP 在 wobj1 的工件坐标系下，以速度 1000mm/s 和转角半径 50mm 直线移动到 p20 位置。

(2) MoveL p10, v1000 \T:=5, fine, tool0;

解析：工业机器人工具数据 tool1 上的 TCP 沿直线移动至 p10，整个运动耗时 5 秒。

注意：工业机器人运动使用参变量[\T]时，最大运行速度将不起作用。

Z0 与 fine 的区别如下：

转弯半径数据为 Z0 时，系统会预读下一条程序，实际执行的效果是工业机器人运动的平滑性更好且没有停顿，也不会精确经过当前的点位；转弯半径数据为 fine 时，系统不会预读下一条程序，等此条程序运行完后，程序指针才跳到下一条程序，工业机器人会有短暂的停顿，如后续程序为信号指令，则需精确到位后信号才被执行。

3. 关节运动指令 MoveJ

关节运动指令是工业机器人的 TCP 从一个位置沿着其关节的角度变化来移动到目标位置，两个位置之间的路径不一定是直线，常用于机器人在空间的大范围移动和对路径精度要求不高的情况下，如图 4-8 所示。

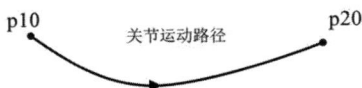

p10　　　关节运动路径　　　p20

图 4-8　关节运动轨迹

例如：

MoveJ p20,v1000,z50, tool1 \WObj:=wobj1;

解析：工业机器人工具数据 tool1 上的 TCP 在 wobj1 的工件坐标系下，以速度 1000mm/s 和转角半径 50mm 关节运动(快速)到 p20 位置。

某型号工业机器人的运动轨迹如图 4-9 所示。使用工具数据为 tool1，工件数据为 wobj1，起始位在 p10，速度及转弯半径如图 4-9 所示，请根据运动轨迹编写程序。

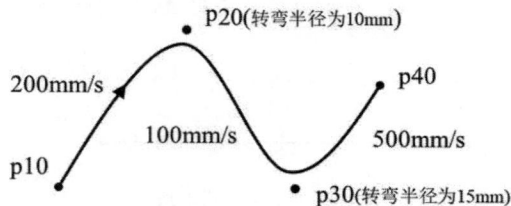

图 4-9 某型号工业机器人的运动轨迹

程序如下:

```
MoveL p20, v200,z10,tool1\WObj:= wobj1;
MoveL p30,v100, z15,tool1\WObj:= wobj1;
MoveJ p40,v500,fine,tool1\WObj:= wobj1;
```

4. 圆弧运动指令 MoveC

MoveC(圆弧运动)是工业机器人通过工具中心点(TCP)以圆弧移动方式移动至目标点,起始点、过渡点与结束点三点决定一段圆弧,其运动状态可控且运动路径保持唯一,如图 4-10 所示。圆弧运动指令 MoveC 在做圆弧运动时一般不超过 240°,所以一个完整的圆形需要两条圆弧指令来完成。

例如:

MoveC p20, p30,v1000,z50, tool1\WObj:=wobj1;

解析:工业机器人工具数据 tool1 上的 TCP 在 wobj1 的工件坐标系下,以速度 1000mm/s 和转角半径 50mm 圆弧运动到 p30 位置。(p20 为中间过渡点)

某型号工业机器人的圆形运动轨迹如图 4-11 所示。工业机器人从 p10 位置点出发,经过 p20、p30、p40 位置点,最终回到 p10 位置点,请根据运动轨迹编写程序,速度为 500mm/s,工具数据默认为 tool0。

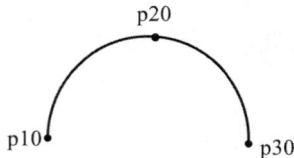

图 4-10 圆弧运动轨迹

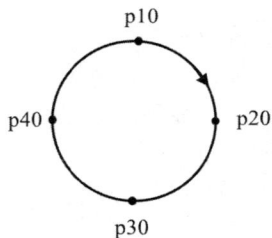

图 4-11 圆形运动轨迹

程序如下:

```
MoveL p10, v500, fine, tool0;
MoveC p20, p30, v500, z20, tool0;
MoveC p40, p10, v500, fine, tool0;
```

二、加速度指令及速度指令

1. 加速度指令 AccSet

AccSet 指令是一种运动控制指令，用以调整工业机器人的加速度，实现更精细的运动控制。当工业机器人运行速度改变时，将对所产生的相应加速度进行限制。其格式如下：

　AccSet Acc, Ramp;

Acc：指机器人加速度的百分比(NUM)。

Ramp：指机器人加速度和减速度的增减率，即达到设定加速度所需时间的百分比(NUM)。

加速度指令
微课视频

相关说明：

(1) 机器人加速度百分率最小值为 20，机器人加速度增减率最小值为 10。

(2) 该指令一般放在初始化中，程序重置后系统自动设置为默认值(AccSet100,100)。

(3) 在执行新 AccSet 指令前，机器人和外轴执行的运动指令仍采用原设定的加速度。

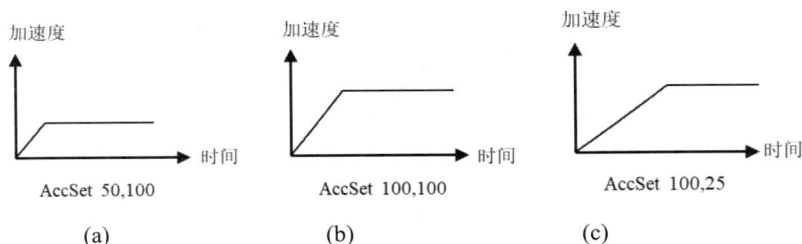

如图 4-12 所示的加速度变化曲线，分别表示加速度值限制及增减率。

AccSet 50,100	AccSet 100,100	AccSet 100,25
(a)	(b)	(c)

图 4-12　加速度变化曲线

图 4-12(a)表示加速度百分比设为 50%，但到达最大加速度所需的时间不变；图 4-12(b)表示不改变加速度的百分比和增减率，均为 100%；图 4-12(c)表示加速度增减率被限制在正常值的 25%，意味着加速度过程相对缓和，减少机器人颤动，让运动更加平缓。

2. 速度指令 VelSet

VelSet 指令是一种运动控制指令，用于设置工业机器人运行速率的指令，这个速率决定了工业机器人运行时的速度，通过合理设置参数值，可以实现精确的速度控制，提高生产效率和安全性。其格式如下：

速度指令
微课视频

　VelSet override,max;

override：相对于最大速度的百分比，这个参数决定了运行的实际速度(NUM)。

max：最大 TCP 速度(mm/s)，该值限制当前最大 TCP 速度(NUM)。

相关说明：

(1) 该指令一般放在初始化中，程序重置后系统自动设置为默认值(VelSet 100,5000)。

(2) 工业机器人运动使用参变量[\T]时，最大运行速度将不起作用。

(3) 参数 max 对速度数据(speeddata)内 TCP 起作用。

(4) 在执行新 VelSet 指令前，运动指令仍采用原设定的速度。

举例分析：

Velset 50,800;//将速率百分比设定为50%，最大速度为800 mm/s

MoveL p10,v1000,z10, tool1;　　　　　　　//500mm/s

MoveL p20,v2000,z10, tool1;　　　　　　　//800mm/ s

MoveL p30,v1000\T:=5,z10, tool1;　　//10s

解析：工业机器人以500 mm/s运动至p10位置，以800 mm/s运动至p20位置，从p20到p30需要10秒。

任务实施

一、更新工业机器人转数计数器

利用示教器操作，在手动模式下，通过单轴运动，按照4—5—6—1—2—3轴的顺序使工业机器人回到机械原点位置，进行转数计数器更新，具体操作步骤见项目一中任务三的项目实施。

二、创建工作站工具数据

利用示教器操作，在手动模式下，完成安装在工业机器人第6轴末端的工具中心点(TCP)、重量，以及重心等参数设定，并验证其正确性，具体操作步骤见项目二中任务一的项目实施。

三、创建工作站工件数据

在所建工具坐标的基础上，利用示教器操作，在手动模式下，通过三点法完成古铜币工件坐标(X、Y、Z轴)的设定，并验证其正确性，具体操作步骤见项目二中任务二的项目实施。

四、编程与调试程序

利用示教器完成"古铜币"轨迹绘图基本任务，具体操作步骤及说明如表4-9所示。

绘图轨迹基础编程
与调试演示视频

表4-9　"古铜币"轨迹绘图的具体操作步骤及说明

操作步骤	操作说明	示意图
1	在"手动操纵"中，设置动作模式为"线性"，坐标系为"工件坐标"，工具坐标为"tool1"，工件坐标为"wobj1"	

(续表)

操作步骤	操作说明	示意图
2	单击"主菜单"按钮,再选择"程序编辑器"	
3	单击"新建"按钮	
4	单击"添加指令"按钮,再单击"Common"按钮,选择"Settings"指令	
5	选择"AccSet"选项	

(续表)

操作步骤	操作说明	示意图
6	单击"下一个"按钮	
7	选择"VelSet"选项	
8	单击"下方"按钮	
9	双击"5000"	

(续表)

操作步骤	操作说明	示意图
10	单击 "123…" 按钮	
11	输入 "800"，分别单击 "确定" 按钮	
12	完成 "速度控制指令" 和 "加速度控制指令" 的添加	
13	单击 "添加指令" 按钮，再单击 "Common" 按钮，选择 "MoveAbsJ" 指令	

(续表)

操作步骤	操作说明	示意图
14	双击"MoveAbsJ"指令中的"*"	
15	选择"新建"选项	
16	单击"初始值"按钮	
17	将初始值均改为"0",单击"确定"按钮	

(续表)

操作步骤	操作说明	示意图
18	单击"确定"按钮	
19	选择"jpos10"选项,再单击"确定"按钮	
20	单击添加"MoveAbsJ"指令,语句中自动生成"jpos20"	
21	单击"主菜单"按钮,再选择"程序数据"	

（续表）

操作步骤	操作说明	示意图
22	选择"jointtarget"选项，再单击"显示数据"按钮	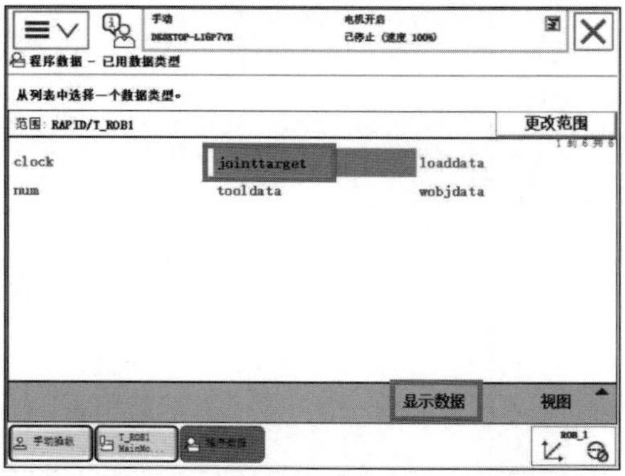
23	双击"jpos20"	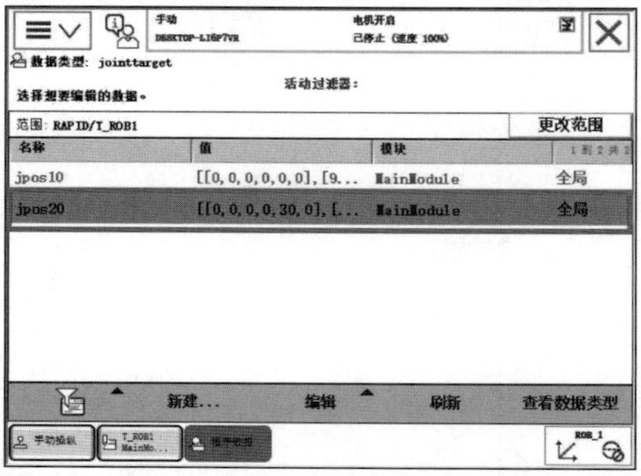
24	将"jpos20"的值改为"0、0、0、0、90、0"，再单击"确定"按钮	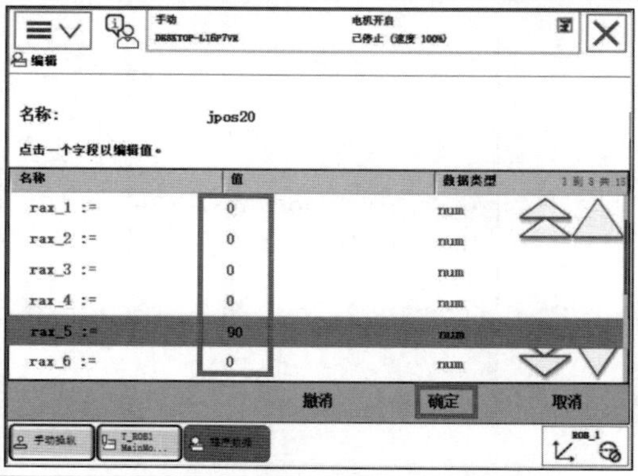
25	"jpos20"为工业机器人一个安全姿态(安全点)，如右图所示	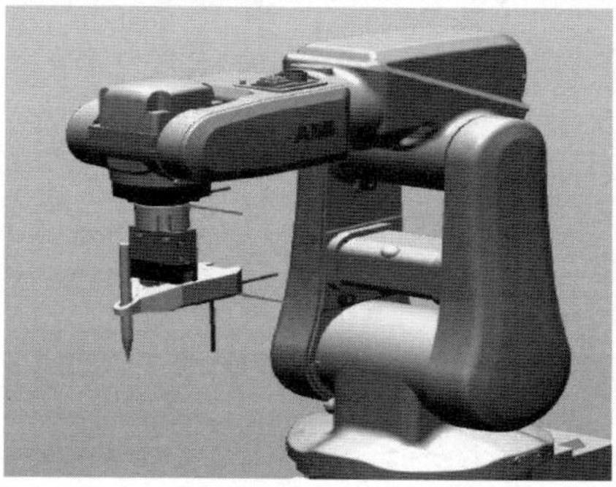

(续表)

操作步骤	操作说明	示意图
26	单击"任务栏"中的"程序编辑器"任务，返回"程序编辑器"界面	
27	首先编辑图案中的正方形程序	
28	单击"添加指令"按钮，再选择"MoveJ"指令	
29	双击"MoveJ"指令中的"*"	

(续表)

操作步骤	操作说明	示意图
30	选择"新建"选项	
31	修改名称为"p10",单击"确定"按钮	
32	选择"p10"选项,再单击"确定"按钮	
33	双击"z50"	

（续表）

操作步骤	操作说明	示意图
34	单击"fine"，再单击"确定"按钮	
35	操控操作杆，将 TCP 移动到正方形的左上角点	
36	单击"修改位置"按钮，即记录"p10"位置	
37	单击"添加指令"按钮，选择"MoveL"指令	

(续表)

操作步骤	操作说明	示意图
38	操控操作杆，将 TCP 移动到正方形的右上角点	
39	单击"修改位置"按钮，即记录"p20"位置	
40	单击"添加指令"按钮，再选择"MoveL"指令	
41	操控操作杆，将 TCP 移动到正方形的右下角点	

(续表)

操作步骤	操作说明	示意图
42	单击"修改位置"按钮，即记录"p30"位置	
43	单击"添加指令"，再选择"MoveL"指令	
44	操控操作杆，将 TCP 移动到正方形的左下角点	
45	单击"修改位置"按钮，即记录"p40"位置	

（续表）

操作步骤	操作说明	示意图
46	单击"MoveJ p10,v1000, fine, tool1\WObj:=wobj1;"语句，使蓝色光标标出该行指令	
47	单击"编辑"按钮，再选择"复制"选项	
48	单击"MoveJ p40, v1000, fine, tool1\WObj:=wobj1;"语句，使蓝色光标标出该行指令	
49	单击"编辑"按钮，再选择"粘贴"选项	

（续表）

操作步骤	操作说明	示意图
50	完成"MoveJ p10, v1000, fine, tool1\WObj:=wobj1;"语句的添加	
51	单击"编辑"按钮，再选择"更改为 MoveL"选项	
52	完成"MoveL p10, v1000, fine, tool1\WObj:= wobj1;"语句的添加，正方形的程序即可编辑完成	
53	通过调试来验证工业机器人轨迹。单击右下角的"ROB_1"，再单击"运动模式"，将运动模式改为"单周"	

(续表)

操作步骤	操作说明	示意图
54	单击"调试"按钮,再选择"PP 移至 Main"选项	
55	程序开始会出现一个 PP 箭头,运行程序前需要按下使能按钮,显示电机开启	
56	单击"开始"按钮,工业机器人按照预定程序完成正方形轨迹	
57	下面编辑图案中的圆形轨迹程序	

（续表）

操作步骤	操作说明	示意图
58	添加 "MoveAbsJ jpos20\NoEoffs, v1000,z50, tool1\WObj:=wobj1;"语句，让工业机器人回到安全点	
59	单击"添加指令"按钮，再选择"MoveJ"指令	
60	将"z50"改为"fine"	
61	操控操作杆，将 TCP 移动到圆形的最左边点	

（续表）

操作步骤	操作说明	示意图
62	单击"修改位置"按钮，即记录"p50"位置	
63	单击"添加指令"按钮，再选择"MoveC"指令	
64	自动生成"MoveC p60, p70, v1000, z10, tool1\WObj:=wobj1;"语句	
65	操控操作杆，将 TCP 移动到圆形的最上边点	

(续表)

操作步骤	操作说明	示意图
66	单击"修改位置"按钮，即记录"p60"位置	
67	操控操作杆，将 TCP 移动到圆形的最右边点	
68	单击"修改位置"按钮，即记录"p70"位置	
69	单击"添加指令"按钮，再选择"MoveC"指令	

(续表)

操作步骤	操作说明	示意图
70	自动生成"MoveC p80, p90, v1000, z10, tool1\WObj:=wobj1;"语句	
71	双击"p90"	
72	单击"p50",再单击"确定"按钮	
73	操控操作杆,将TCP移动到圆形的最下边点	

(续表)

操作步骤	操作说明	示意图
74	单击"修改位置"按钮,即记录"p80"位置	
75	添加"MoveAbsJ jpos20\NoEoffs, v1000, z50, tool1\WObj:=wobj1;"语句	
76	通过调试来验证程序是否正确。单击"PP移至Main",选择"MoveAbsJ jpos20\NoEoffs, v1000, z50, tool1\WObj:=wobj1;"语句,即出现蓝色光标	
77	单击"调试"按钮,再选择"PP移至光标"选项	

(续表)

操作步骤	操作说明	示意图
78	PP 箭头就会跳转到蓝色光标所在处，单击"启动"按钮，工业机器人按照预定程序完成圆形轨迹	

🔍 任务评价

任务内容： 绘图轨迹基本编程与操作　　　　　　　测评人：

考核内容		标准分	实际得分
末端工具安装及转数计数器更新	工具安装是否正确	5	
	转数计数器的更新操作是否正确	5	
建立工具坐标系	创建工具坐标的方法是否正确	10	
	能否正确验证工具坐标	5	
建立工件坐标系	创建工件坐标的方法是否正确	5	
	坐标轴方向是否正确	5	
编写任务程序	工业机器人的操作过程是否正确	10	
	程序编写是否规范	15	
	点位示教是否完整	15	
	能否完整完成绘图轨迹	15	
安全文明操作	是否遵守操作规程	10	
总计		100	

🔍 习　　题

一、填空题

1. 工业机器人基本运动指令有_____、_____、_____、_____。

2. ABB 机器人"pp 至 main"是_____含义。

3. _____指令用于在 ABB 机器人的 RAPID 程序中设定工业机器人的运动速度。

4. MoveJ p10,v1000,fine,tool0\WObj:=wobj0;中 wobj0 表示_____。

5. MoveC 指令做圆弧运动时角度一般不超过_____。

二、选择题

1. 工业机器人运动精确到达目标点用哪个 zone？（　　）

A. Z1　　　　　　　　B. Z10　　　　　　　　C. Z100　　　　　　　　D. fine

2. 程序 AccSet a b;中 b 是(　　)。

  A. 执行速度百分比 B. 加速度坡度 C. 速率百分比 D. 最高限速

3. 执行 VelSet 50,800;MoveL p10,v1000,fine,tool1\WObj:=wobj1;指令后，机器人的运行速度为(　　)。

  A. 1000mm/s   B. 500mm/s   C. 400mm/s   D. 200mm/s

4. 工业机器人通过关节运动到目标点 p10，速度为 100mm/s，转弯半径为 0mm，工具坐标为 b，工件坐标为 robot。以下(　　)是正确的。

  A. MoveJ P10,v100, z0, b\WObj:=robot; B. MoveL P10, v100, z0, b\WObj:=robot;

  C. MoveC P10, v100,z0, b\ WObj:=robot; D. MoveC P10, v100, z0, b\WObj:=robot;

5. 设置程序示教点时，示教点越多，路径越(　　)。

  A. 准确   B. 不准确

  C. 与示教点无关   D. 以上说法都不对

三、判断题

1. MoveAbsJ 指令使工业机器人六个轴最方便回到机械零点的位置。   (　　)

2. MoveL 语句常用格式为"MoveL ToPoint,Speed[\V],Zone[\Z]tool[\Wobj];"。 (　　)

3. VelSet 指令设置的速度值在整个程序中都是有效的，直到被新 VelSet 指令覆盖。

                           (　　)

4. Accset 指令用于设置工业机器人的加速度，加速度值越高，机器人运动越快。

                           (　　)

5. 如果 VelSet 指令设置的速度值越大，则机器人到达目标点的时间就越短。 (　　)

任务三　绘图轨迹进阶编程与操作

🔍 知识目标

- 掌握 ProcCall 程序调用指令格式及应用；
- 掌握:=赋值指令格式及应用；
- 掌握 WHILE 循环指令格式及应用；
- 掌握 IF 逻辑指令格式及应用；
- 掌握绘图轨迹进阶程序的编程及操作。

🔍 任务描述

  利用工业机器人基础应用技术平台(见图 4-1)，在项目四任务二的基础上，利用示教器编写程序完成下面任务。

  当条件 1 成立(di1 触发)时，工业机器人完成绘制"古铜币"图案中"矩形"轨迹 5 次；当条件 2 成立(di2 触发)时，工业机器人完成绘制"古铜币"图案中"圆形"轨迹 2 次任务，绘图模块轨迹如图 4-13 所示。

任务描述

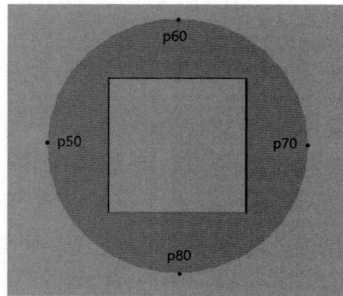

图 4-13　绘图模块轨迹

🔍 知识准备

一、调用指令 ProcCall

调用指令 ProcCall 是用于调用现有例行程序的指令。当执行该指令时，执行被调用例行程序，执行完此例行程序后，程序将继续执行调用后的语句。其格式如下：

ProcCall Procedure {Argument};

Procedure：例行程序名称。

{Argument}：例行程序参数。

注意：

(1) 调用带参数的例行程序时，必须包括所有强制性参数。

(2) 例行程序所有传递的参数位置次序必须与例行程序中定义的参数次序一致。

(3) 例行程序所有传递的参数数据类型必须与例行程序中定义的数据类型一致。

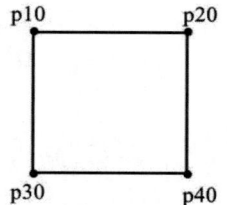

图 4-14　正方形轨迹图

某型号工业机器人的运动轨迹如图 4-14 所示。使用工具数据为 tool0，工件数据为 wobj0，起始位在 p10 位置，依次经过 p20、p30、p40 位置，最终回到 p10 位置，速度为 200mm/s，请根据运动轨迹编写程序。

程序如下：

```
PROC main()
        Zhengfangxing;                          //调用了 Zhengfangxing 子程序
ENDPROC
PROC Zhengfangxing()
        MoveJ p10,v200,fine,tool0;
        MoveL p20,v200,z0,tool0;
        MoveL p30,v200,z0,tool0;
        MoveL p40,v200,z0,tool0;
        MoveL p10,v200,fine,tool0;
ENDPROC
```

解析：main 程序(主程序)中通过 ProcCall 指令调用了 Zhengfangxing(正方形)程序。

二、逻辑指令

1. 赋值指令:=

"：="(赋值指令)用于对程序数据进行赋值，等号后的内容赋值给等号前，赋值的内容可以是一个常量或数学表达式。其格式如下：

逻辑指令微课视频

<VAR>:=<EXP>;

VAR：被赋值的变量名，数据类型可以是数字量，也可以是布尔量。

EXP：表达式，可以是一个常量、变量的值或函数调用的结果。

注意：VAR、EXP 的数据类型必须一致。

举例说明：

reg1:= 5;　　　　　　　//常量赋值，将 5 赋给 reg1

reg2:= reg1 + 1;　　　　//数字表达式赋值，将 reg1+1 赋给 reg2

解析：程序运行结果为 reg1 为 5，reg2 为 6。

2. 循环指令 WHILE

WHILE 指令是一种基本循环，当满足条件时进入循环，进入循环后当条件不满足时，跳出循环执行指令。其格式如下：

WHILE <EXP>DO
　　<SMT>
ENDWHILE

<EXP>：输入需要判定的循环条件。

<SMT>：输入条件判断满足后需执行的程序。

系统执行 WHILE 指令时，如循环条件满足，则可执行 WHILE 至 ENDWHILE 之间的程序，循环指令执行完成后，系统将再次检查循环条件，如满足，则继续执行循环程序，如此循环。如不满足，系统可跳过 WHILE 至 ENDWHILE 的循环程序，而执行 ENDWHILE 后的其他程序。如果循环条件直接定义为 TRUE，则 WHILE 至 ENDWHILE 的程序将进入无限重复；如定义为 FALSE，则 WHILE 至 ENDWHILE 的程序将永远无法执行。

例 **1**：

WHILE TURE DO
　　reg1 : =reg1+1;
　　WaitTime 0.5;
ENDWHILE

解析：WHILE 至 ENDWHILE 之间的程序将无限循环。

例 **2**：

WHILE reg1<5 DO
　　changfangxing;　　　//子程序 changfangxing
　　reg1: =reg1+1;
ENDWHILE

解析：changfangxing 程序循环五次，直到 reg1=5 时不满足循环条件，程序停止循环。

3. 条件判断指令 IF

IF 指令是条件判断指令，就是根据不同的条件去执行不同的指令。条件判定的条件数量可以根据实际情况进行增加或减小，这个指令通常与 ELSE、ELSEIF 等联合使用，其格式如表 4-10 所示。

表 4-10　IF 指令格式形式及举例说明

指令格式	举例	说明
IF\<EXP1\>\<SMT1\>; IF\<EXP2\>\<SMT2\>;	IF di1=1　reg2= 5; IF di2=1　reg2= 10;	如果 di1=1 条件满足，则把 5 赋给 reg2；如果 di2=1 条件满足，则把 10 赋给 reg2

IF\<EXP\> THEN
　\<SMT\>;
ENDIF
	IF reg1=5 THEN
	　changfangxing;
	ENDIF
		如果 reg1=5 条件满足，则执行 changfangxing 子程序

IF\<EXP\> THEN
　\<SMT1\>;
ELSE
　\<SMT2\> ;
ENDIF
	IF reg1=5 THEN
	　changfangxing;
	ELSE
	　yuanxing;
	ENDIF
		如果 reg1=5 条件满足，则执行 changfangxing 子程序，否则执行 yuanxing 子程序

IF\<EXP1\>THEN 　\<SMT1\>; ELSEIF \<EXP2\> THEN 　\<SMT2\>; ENDIF	IF di1=1THEN 　changfangxing; ELSEIF di2=1THEN 　yuanxing; ENDIF	如果 di1=1 条件满足，执行 changfangxing 子程序,如果 di2=1 条件满足，则执行 yuanxing 子程序

🔍 任务实施

一、I/O 板及 I/O 信号配置

在项目四任务二的基础上，利用示教器配置 DSQC652 板，现场总线为 DeviceNet，I/O 板地址为 10，配置给定的数字输入信号 di1 和 di2，并完成信号测试，具体操作步骤见项目三中任务一和任务二的项目实施。

绘图轨迹进阶编程
与操作演示视频

二、程序编程与调试

利用示教器完成"古铜币"轨迹绘图的进阶任务，具体操作步骤及说明如表 4-11 所示。

表 4-11 "古铜币"轨迹进阶绘图的具体操作步骤及说明

操作步骤	操作说明	示意图
1	单击"例行程序"	
2	单击"文件"按钮，选择"新建例行程序"选项	
3	单击"ABC…"按钮	
4	输入"fang"，单击"确定"按钮	

(续表)

操作步骤	操作说明	示意图
5	单击"确定"按钮	
6	双击进入(fang)子程序	
7	将"正方形程序"输入到(fang)子程序中	
8	同上,创建(yuan)子程序	

(续表)

操作步骤	操作说明	示意图
9	将"圆形程序"输入到(yuan)子程序中	
10	单击"添加指令"按钮,在"Common"中单击"下一个"按钮	
11	选择"WHILE"指令	
12	双击"<EXP>"	

(续表)

操作步骤	操作说明	示意图
13	选择"TRUE"选项，单击"确定"按钮	
14	在"<SMT>"中添加"MoveAbsJ jpos20\NoEoffs, v1000, z50 tool1\ WObj:=wobj1;"语句	
15	单击"添加指令"按钮，选择"IF"指令	
16	单击"下方"按钮	

（续表）

操作步骤	操作说明	示意图
17	双击"<EXP>"	
18	单击"更改数据类型"按钮	
19	选择"signaldi"数据类型，再单击"确定"按钮	
20	选择"di1"选项	

操作步骤	操作说明	示意图
21	单击"+"按钮	
22	选择"="选项	
23	单击"<EXP>"	
24	单击"编辑"按钮，选择"仅限选定内容"选项	

(续表)

操作步骤	操作说明	示意图
25	输入"1"，单击"确定"按钮	
26	单击"确定"按钮	
27	单击"<SMT>"	
28	单击"添加指令"按钮，再选择":="指令	

(续表)

操作步骤	操作说明	示意图
29	单击"<VAR>"，再选择"reg1"选项	
30	选中"<EXP>"	
31	单击"编辑"按钮，再选择"仅限选定内容"选项	
32	输入"0"，单击"确定"按钮	

（续表）

操作步骤	操作说明	示意图
33	单击"添加指令"按钮，选择"WHILE"指令	
34	单击"下方"按钮	
35	单击"<EXP>"	
36	单击"编辑"按钮，再选择"ABC…"选项	

(续表)

操作步骤	操作说明	示意图
37	输入"reg1<5",单击"确定"按钮	
38	选中"<SMT>",单击"添加指令"按钮,选择"ProcCall"指令	
39	单击"fang"子程序,再单击"确定"按钮	
40	单击"添加指令",再选择":="指令	

（续表）

操作步骤	操作说明	示意图
41	单击"VAR"，再选择"reg1"选项	
42	单击"<EXP>"	
43	单击"编辑"按钮，选择"仅限选定内容"选项	
44	输入"reg1+1"，单击"确定"按钮	

(续表)

操作步骤	操作说明	示意图
45	单击"下方"按钮	
46	单击"添加指令",选择"IF"指令	
47	单击"<SMT>",添加"di2 = 1"语句	
48	添加"reg1:=0;"语句	

（续表）

操作步骤	操作说明	示意图
49	添加"WHILE reg1<2 DO"语句，使程序进入循环	
50	单击"<SMT>"，再单击"ProcCall"指令，选择"yuan"子程序	
51	添加"reg1:=reg1+1;"语句	
52	单击"调试"按钮，选择"PP 移至光标"选项，PP 箭头就会跳转到蓝色光标所在处，单击"启动"按钮，即可对程序进行验证	

任务评价

任务内容：绘图轨迹进阶编程与操作　　　　测评人：

考核内容		标准分	实际得分
配置并测试 I/O 信号	I/O 板配置是否正确	5	
	I/O 信号配置是否正确	5	
	I/O 信号关联及仿真测试是否正确	5	
创建程序模块与例行程序	程序模块创建是否正确	5	
	例行程序创建是否正确	5	
编写绘图轨迹进阶程序	工业机器人操作过程是否正确	10	
	程序编写是否规范	10	
	点位示教是否正确	10	
	是否使用 ProcCall、WHILE 等指令	10	
调试绘图轨迹进阶程序	是否手动完成绘图轨迹任务	15	
	是否自动完成绘图轨迹任务	15	
安全文明操作	是否遵守操作规程	5	
总计		100	

习　　题

一、填空题

1. 调用例行程序"rPick"，用_____指令。

2. 如果"reg1:=1; reg2:=reg1+1;"，那么 reg2=_____。

3. while 指令会不断执行循环体内的程序，直到循环条件表达式的结果为_____。

4. IF 语句的条件表达式可以是布尔值、比较表达式或_____表达式。

5. 在 while 循环中需要控制循环的次数时，可使用一个_____类型的变量作为计数器。

二、选择题

1. IF 语句通常与关键字(　　)结合使用，以提供条件不满足时的程序。

　　A. then　　　　　　B. else　　　　　　C. endif　　　　　　D. do

2. 如下列程序所示，REG1 最终的值为(　　)。

```
REG1:=0;
While REG1<5 DO;
    REG1:= REG1+1;
ENDWHILE
```

　　A. 0　　　　　　B. 1　　　　　　C. 3　　　　　　D. 5

3. 如果 di1 和 di2 均为 low，则子程序(　　　)会被执行。

```
IF di1=high THEN
    Seal-oval;
ELSEIF di2=high THEN
    Seal-circle;
ELSE
    Seal-outside;
ENDIF
```

A. Seal-oval　　　　　　B. Seal-circle　　　　　C. Seal-outside　　　　　D. 错误

4. 关于 ProcCall 指令，以下说法正确的是(　　　)。

A. ProcCall 可以调用任何外部程序

B. ProcCall 调用的子程序必须在主程序之前定义

C. ProcCall 只传递参数，不能获取返回值

D. ProcCall 可调用当前模块定义的子程序

5. (　　　)作为 WHILE 循环中的条件，一定会构成无限循环。

A. 2:=1+1　　　　　　B. TRUE　　　　　　C. reg1>reg2　　　　　D. 0

三、判断题

1. 程序 IF fiag1=TRUE Set do1;表明 do1 被置为 1。　　　　　　　　　　(　　)

2. ProcCall 调用传递的参数数量、顺序和类型必须与过程定义时完全一致。　(　　)

3. IF 语句后只能跟随一个条件表达式，不能组合多个条件。　　　　　　　(　　)

4. WHILE 指令的含义是如果条件满足，则重复执行对应程序，因此是一种逻辑控制指令。　　　　　　　　　　　　　　　　　　　　　　　　　　　　　　　　　(　　)

5. RAPID 中"a = b+3"指的是把变量 b 加上 3 再赋值给变量 a。　　　　　(　　)

四、简答题

1. 程序语句 MoveL p1,v100,z10,tool1;的含义是什么？zxx(xx 代表数字)和 fine 有什么区别？

2. 某型号工业机器人的运动轨迹如图 4-15 所示。工业机器人从 p10 位置点出发，经过 p20、p30、p40 位置点，最终到 p50 位置点，请根据运动轨迹编写程序，工具数据为 tool1，工件数据为 wobj1。

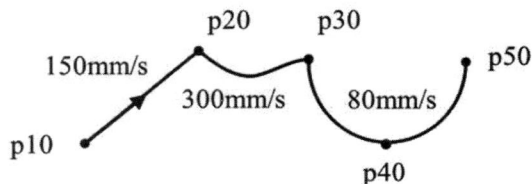

图 4-15　运动轨迹示意图

五、实操题

在工业机器人基础应用技术平台中，利用示教器编写程序完成倾斜斜面"中国国旗"轨迹的绘制任务，如图 4-16 所示。

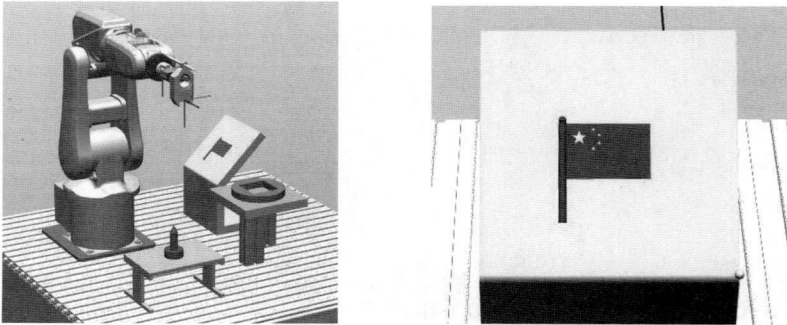

图 4-16　工业机器人基础应用技术平台及任务结果

项目五
工业机器人搬运项目编程与操作

任务一　单个圆形物品搬运编程与操作

🔍 知识目标

- 掌握数字输出信号指令格式及应用；
- 掌握时间等待指令格式及应用；
- 掌握单个物品搬运程序的编程及操作。

🔍 任务描述

利用工业机器人搬运工作站平台，完成工业机器人单个物品搬运的任务。将一个托盘内的一个圆形物品，从初始位置(见图 5-1)搬运至目标位置(见图 5-2)。

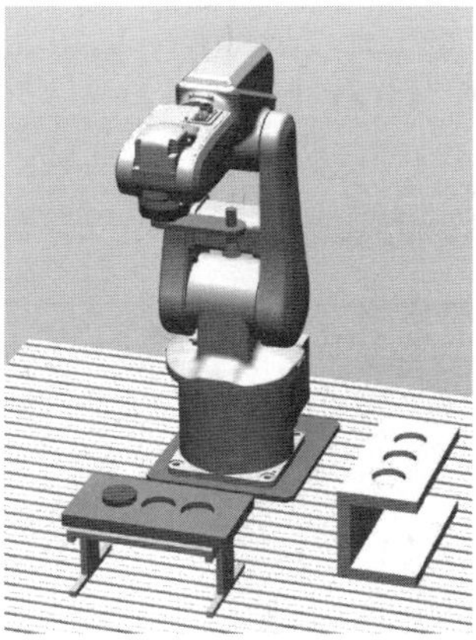

图 5-1　初始位置

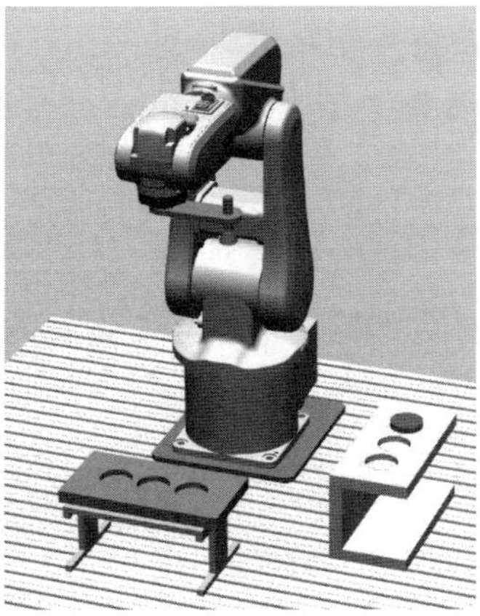

图 5-2　目标位置

任务描述

知识准备

一、工业机器人数字输出信号指令

1. Set 指令

Set 指令用于将数字输出信号的值设置为 1。

常见语句格式：

Set Signal

Signal 的数据类型为 signaldo，是待改变信号的名称。

例如：Set do1;。

解析：将数字输出信号 do1 设置为 1。

2. Reset 指令

Reset 指令用于将数字输出信号的值重置为 0。

常见语句格式：

Reset Signal

例如：Reset do1;。

解析：将数字输出信号 do1 设置为 0。

数字输出信号
指令微课视频

3. SetDO 指令

SetDO 指令用于改变数字输出信号的值。

常见语句格式：

SetDO [\SDelay]|[\Sync] Signal Value

[\SDelay]：数据类型为 num，作用为延迟时间改变(以秒计，最多 2000s)。通过下一指令，直接继续执行程序。在给定的时间延迟之后改变信号，随后的程序执行不受影响。

[\Sync]：数据类型为 switch。如果使用该参数，则执行的程序将进入等待，直至从物理上将信号设置为指定值。

Value：数据类型为 dionum，信号的期望值，其值为 0 或 1。

例如：

SetDO do2,1;

解析：将数字输出信号 do2 设置为 1。

SetDO xipan,off;

解析：将信号 xipan 设置为 off。

SetDO \SDelay := 0.3,weld,high;

解析：将信号 weld 设置为 high，且时间延迟 0.3s。

SetDO \Sync, do1,0;

解析：将信号 do1 设置为 0。

二、工业机器人的时间等待指令

WaitTime 用于等待给定的时间。该指令亦可用于等待，直至机械臂和外轴静止。

常见语句格式：

WaitTime　[\InPos]　Time

[\InPos]：使用该参数，则在开始统计等待时间之前，机械臂和外轴必须静止。该参数数据类型为 switch。

Time：程序执行等待的最短时间为 0s，最长时间不受限制，数据类型为 num。

三、任务程序及说明

工业机器人的点位及信号说明如下：

pHome：初始点，工业机器人初始位置所处的点位；

Pick：物品抓取点，工业机器人末端执行器可在此点抓取物品；

upper_Pick：位于物品抓取点 Pick 点上方 50mm 处的点；

Place：物品放置点，工业机器人末端执行器可在此点放置物品，即物品搬运的目的点；

upper_Place：位于物品放置点 Place 点上方 50mm 处的点；

Absorb_On：工业机器人数字输出信号，用于控制真空吸盘有无真空吸力，当其置为 1 时，产生吸力，当其置为 0 时，吸力消失。

任务主要程序如下：

```
PROC main()
    MoveAbsJ phome\NoEOffs,v1000,z50,tool0\WObj:=wobj0;
    MoveJ upper_Pick, v1000,fine,tool0;
    MoveL Pick, v1000,fine,tool0;
    SetDO Absorb_On,1;
    WaitTime 1;
    MoveL upper_Pick,v1000,fine,tool0;
    MoveAbsJ phome\NoEOffs,v1000,z50,tool0\WObj:=wobj0;
    MoveJ upper_Place, v1000,fine,tool0;
    MoveL Place,v1000,fine,tool0;
    SetDo Absorb_On,0;
    WaitTime 1;
    MoveL upper_Place, v1000,fine,tool0;
    MoveAbsJ phome\NoEOffs,v1000,z50,tool0\WObj:=wobj0;
ENDPROC
```

🔍 任务实施

一、工业机器人转数计数器更新

利用示教器操作，在手动模式下，通过单轴运动，按照 4—5—6—1—2—3 轴的顺序使工业机器人回到机械原点位置，进行转数计数器更新，具体操作步骤见项目一中任务三的项目实施。

二、创建工作站工具数据

利用示教器操作，在手动模式下，完成安装在工业机器人第 6 轴末端吸盘的工具中心点(TCP)、重量，以及重心等参数设定，并验证其正确性，具体操作步骤见项目二中任务一的项目实施。

三、创建工作站工件数据

在所建工具坐标的基础上，利用示教器操作，在手动模式下，通过三点法完成搬运工作站工件坐标(X、Y、Z 轴)的设定，并验证其正确性，具体操作步骤见项目二中任务二的项目实施。

四、I/O 板及 I/O 信号配置

按照重叠式码垛工作站给定的要求，利用示教器配置 DSQC652 板，现场总线为 DeviceNet，I/O 板地址为"10"，配置给定的数字输入/输出信号，并完成信号测试，具体操作步骤见项目三中任务一和任务二的项目实施。

单个圆形物品搬运编程与调试演示视频

五、程序编程与调试

利用示教器完成工业机器人单个圆形物品搬运的任务，具体操作步骤及说明如表5-1所示。

表 5-1　工业机器人单个圆形物品搬运的具体操作步骤及说明

重要步骤	操作说明	示意图
1	选择"程序编辑器"选项，新建模块"Module1"	

重要步骤	操作说明	示意图
2	选择"新建例行程序"选项，新建"main"程序	
3	机器人回到机器人原点，单击"添加指令"按钮，选择"MoveAbsJ"指令	
4	双击"*"	
5	选择"新建"选项	

重要步骤	操作说明	示意图
6	修改名称为"phome",单击"确定"按钮	
7	将机器人移动至第一个取料点上方	
8	单击"添加指令"按钮,选择"MoveJ"指令	
9	双击"*"	

（续表）

重要步骤	操作说明	示意图
10	选择"新建"选项	
11	修改名称为"upper_Pick"，单击"确定"按钮	
12	将机器人移动至第一个取料点	
13	单击"添加指令"按钮，选择"MoveL"指令	

(续表)

重要步骤	操作说明	示意图
14	双击"upper_Pick10"	
15	选择"新建"选项	
16	修改名称为"Pick"，单击"确定"按钮	
17	双击"z20"	

（续表）

重要步骤	操作说明	示意图
18	选择"fine"选项，再单击"确定"按钮	
19	单击"添加指令"按钮，选择"SetDO"指令	
20	选择"Absorb_On"选项	
21	双击"0"	

重要步骤	操作说明	示意图
22	选择"1"选项，再单击"确定"按钮	
23	单击"添加指令"按钮，选择"WaitTime"指令	
24	选择"1"，单击"确定"按钮	
25	单击"添加指令"按钮，选择"MoveL"指令	

（续表）

重要步骤	操作说明	示意图
26	选择"upper_Pick"选项，再单击"确定"按钮	
27	单击"添加指令"按钮，选择"MoveAbsJ"指令	
28	修改点位，使得工业机器人回到pHome点	
29	将机器人移动至第一个放料点的上方	

(续表)

重要步骤	操作说明	示意图
30	单击"添加指令"按钮，选择"MoveJ"指令	
31	双击"upper_Pick30"	
32	选择"新建"选项	
33	修改名称为"upper_Place"，单击"确定"按钮	

(续表)

重要步骤	操作说明	示意图
34	将机器人移动至第一个放料点	
35	单击"添加指令"按钮，选择"MoveL"指令	
36	双击"upper_Place10"	
37	选择"新建"选项	

(续表)

重要步骤	操作说明	示意图
38	修改名称为"Place"，再单击"确定"按钮	
39	单击"添加指令"按钮，选择"SetDO"指令	
40	单击"添加指令"按钮，选择"WaitTime"指令	
41	选择"1"，单击"确定"按钮	

(续表)

重要步骤	操作说明	示意图
42	添加"MoveL upper_Place，v1000，fine，tool0;"语句，回到放料点上方	
43	添加"MoveAbsJ pHome\NoEoffs，v1000，fine，tool0;"语句，使得工业机器人回到"pHome"点	

任务评价

任务内容：单个圆形物品搬运编程与操作　　　测评人：

考核内容		标准分	实际得分
工业机器人回到初始点	任务初始时是否回到初始点	5	
	任务结束后是否回到初始点	5	
抓取物品	是否成功抓取物品	15	
	是否未达到抓取点时真空吸盘即被开启	15	
	抓取时是否有时间等待处理	5	
放置物品	是否成功放置物品	15	
	是否未达到放置点时真空吸盘即被关闭	15	
	放置时是否有时间等待处理	5	
轨迹程序编写	工业机器人操作过程是否正确	10	
	程序书写是否规范	5	
安全文明操作	是否遵守操作规程	5	
总计		100	

习 题

一、填空题

1. Set 指令用于将数字输出信号的值设置为_____。

2. ABB 机器人编程中，Set 指令的参数类型可以是整数、实数或_____。

3. SetDO 指令要求指定要设置的_____输出信号的名称和状态。

4. SetDO do15,1 的含义为_____。

5. 在机器人抓取操作中，使用 WaitTime 指令可以确保机器人在抓取前有足够的时间来_____夹具，以避免夹具未完全张开或闭合就进行抓取。

二、选择题

1. SetDO [\SDelay]|[\Sync] Signal Value 中[\Sync]的数据类型为( )。

   A. switch   B. num   C. signaldo   D. dionum

2. 程序执行等待的最短时间为( )s，最长时间不受限制，分辨率为( )。

   A. 0；0.001 B. 0；0.01 C. 1；0.001 D. 1；0.01

3. 程序执行等待的数据类型为( )。

   A. switch   B. num   C. signaldo   D. dionum

4. 机器人的控制信号是由计算机发出的数字信号，必须通过 D/A(数字模拟)转换器转换成( )信号，才能让执行装置接收。

   A. 数字   B. 模拟   C. 0 或 1   D. 都不是

5. 在使用 SetDO 指令时，( )参数指定要设置的数字输出信号。

   A. 第一个   B. 第二个   C. 第三个   D. 无需指定

三、判断题

1. WaitTime 用于等待给定的时间，该指令亦可用于等待，直至机械臂和外轴静止。 ( )

2. SetDO weld, off 的含义为将信号 weld 设置为 off。 ( )

3. Set 指令在 ABB 工业机器人编程中用于给变量赋值且该赋值操作是不可逆的。( )

4. 在 ABB 工业机器人编程中，Reset 指令用于清除机器人的特定参数或状态。( )

5. SetDO 指令用于在机器人与外部设备通信时设置数字输出信号。 ( )

任务二 多个圆形物品搬运编程与操作

知识目标

- 了解位置偏置指令 offs 的概念和作用；
- 掌握位置偏置指令 offs 的格式及应用；
- 掌握多个物品搬运程序编程及操作。

🔍 任务描述

利用工业机器人搬运工作站平台，完成工业机器人多个物品搬运的任务：将一个托盘内的三个圆形物品，从初始位置(见图 5-3)搬运至目标位置(见图 5-4)。

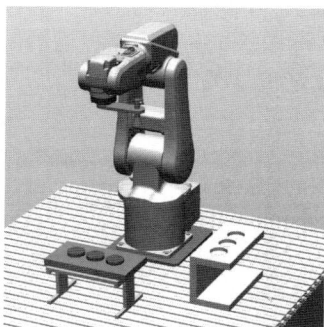

图 5-3　初始位置

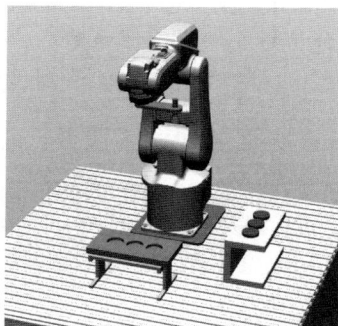

图 5-4　目标位置

任务描述

两个托盘尺寸相同，其排列间距如图 5-5 所示，其三个圆形槽孔间的距离都是 60mm。

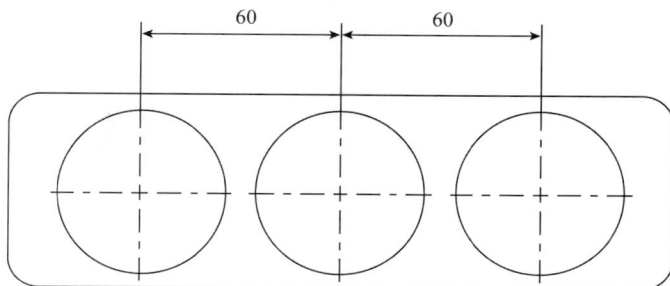

图 5-5　托盘圆形槽孔间距

🔍 知识准备

一、工业机器人位置偏置指令 Offs

Offs 是一个函数，其作用是偏移，会反馈一个位置数据参变量，其数据类型为 robtarget。

位置偏置指令
微课视频

函数形式：

Offs (Point, XOffset, YOffset, ZOffset)

Point：有待移动的位置数据，数据类型为 robtarget。

XOffset：工件坐标系中 x 方向的位移，数据类型为 num。

YOffset：工件坐标系中 y 方向的位移，数据类型为 num。

ZOffset：工件坐标系中 z 方向的位移，数据类型为 num。

例如：

p2:= Offs (p1, 5, 10, 15);

解析：位置 p2 是机械臂从 p1 沿 x 轴正方向移动 5 mm，沿 y 轴正方向移动 10 mm，沿 z 轴正方向移动 15 mm。

MoveL Offs(p2, 0, 0, 10), v1000, z50, tool1;

解析：将机械臂移动至距位置 p2(沿 z 轴正方向)10 mm 的一个位置点。

利用运动指令结合 Offs 函数进行程序编写，使机器人 TCP 沿图 5-6 所示的路径运动，从起始点 p1(已知)，经过 p2、p3、p4、p5 点，回到起始点 p1，运动速度均为 100mm/s。

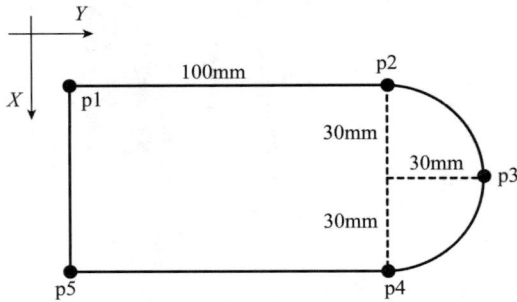

图 5-6　路径轨迹

```
MoveL p1,v100,fine,tool1 ;                      //到达 p1 点
MoveL Offs(p1, 0, 100 , 0),v100,fine,tool1 ;    //到达 p2 点
MoveC Offs(p2,30,30,0),Offs(p2,60, 0,0),v200,z0,tool1;  //到达圆弧 p2～p4
MoveL Offs(p1, 60, 0, 0),v100,fine,tool1 ;      //到达 p5 点
MoveL p1,v100,fine,tool1 ;                      //返回 p1 点
```

二、任务分析

本任务中，工业机器人需要搬运三个不同位置的物品至指定位置。通过分析可知，本任务可在任务一的基础上通过增加两次类似的搬运任务而成。第一次搬运完成后，第二次物品的抓取点位以 pick 点为基准沿着默认工件坐标系 X 轴方向偏移 60mm，抓取后放置的点以 place 为基准沿着默认工件坐标系 Y 轴方向偏移-60mm。第三次的抓取点则以 pick 点为基准沿着默认工件坐标系 X 轴方向偏移 120mm，放置的点以 place 为基准沿着默认工件坐标系 Y 轴方向偏移-120mm。任务过程如图 5-7 所示。

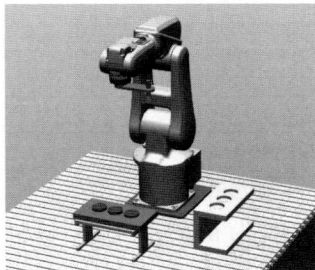
(a) 初始位置

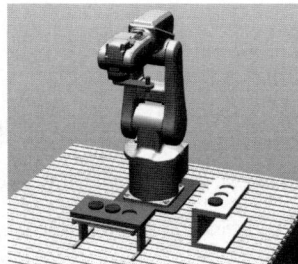
(b) 第一次搬运

图 5-7　任务过程

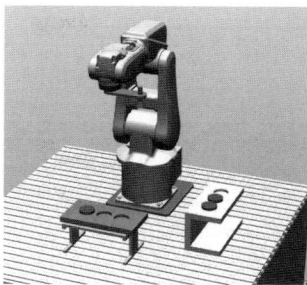

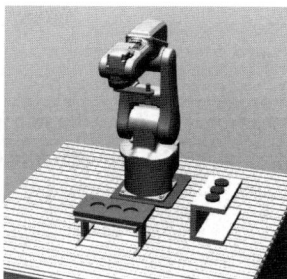

(c) 第二次搬运　　　　　　　　(d) 第三次搬运(结束)

图 5-7　任务过程(续)

三、任务程序

工业机器人的点位及信号说明如下：

pHome：初始点，工业机器人初始位置所处的点位；

Pick：第一个物品抓取点，工业机器人末端执行器可在此点抓取第一个物品，即物品搬运的首个抓取点；

Place：第一个物品放置点，工业机器人末端执行器可在此点放置第一个物品，即物品搬运的首个目的点；

Absorb_On：工业机器人数字输出信号，用于控制真空吸盘的真空有无吸力，当其置为 1 时，产生吸力，当其置为 0 时，吸力消失。

任务的主要程序如下：

(重要的程序代码后添加了注释，程序注释前会添加符号"!")

```
PROC main()
        MoveAbsJ phome\NoEOffs,v800,z50,tool0\WObj:=wobj0;
        !以下程序段为搬运第一个物品
        MoveJ Offs(Pick,0,0,60),v200,fine,tool0;
        !运行至第一个抓取点 Pick 上方(沿着默认工件坐标系 Z 轴偏移)60mm 处
        MoveL Pick,v200,fine,tool0;
        SetDO Absorb_On,1;
        WaitTime 1;
        MoveL Offs(Pick,0,0,60),v200,fine,tool0;
        MoveJ Offs(Place,0,0,60),v200,fine,tool0;
        !运行至第一个放置点 Place 上方(沿着默认工件坐标系 Z 轴偏移)60mm 处
        MoveL Place,v200,fine,tool0;
        SetDo Absorb_On,0;
        WaitTime 1;
        MoveL Offs(Place,0,0,60),v200,fine,tool0;
        !以下程序段为搬运第二个物品
        MoveJ Offs(Pick,0,-60,60),v200,fine,tool0;
        !运行至一个点，该点以第一个抓取点 Pick 为基准，沿着默认工件坐标系的 Y 轴偏移了-60mm，
        并且同时也沿着默认工件坐标系的 Z 轴偏移了 60mm
        MoveL Offs(Pick,0,-60,0),v200,fine,tool0;
        !直线运行至第二个抓取点，该点以第一个抓取点 Pick 为基准沿着默认工件坐标系 Y 轴偏移
```

-60mm 处
SetDO Absorb_On,1;
WaitTime 1;
MoveL Offs(Pick,0,-60,60),v200,fine,tool0;
MoveJ Offs(Place,-60,0,60),v200,fine,tool0;
!运行至一个点,该点以第一个放置点 Place 为基准,沿着默认工件坐标系的 X 轴偏移了-60mm,
并且同时也沿着默认工件坐标系的 Z 轴偏移了 60mm
MoveL Offs(Place,-60,0,0),v200,fine,tool0;
!直线运行至第二个放置点,其位于第一个放置点 Place 沿着默认工件坐标系 X 轴偏移了-60mm 处
SetDo Absorb_On,0;
WaitTime 1;
MoveL Offs(Place,-60,0,60),v200,fine,tool0;
 !以下程序段为搬运第三个物品
  MoveJ Offs(Pick,0,-120,60),v200,fine,tool0; !直线运行至第三个抓取点上方 60mm 处
MoveL Offs(Pick,0,-120,0),v200,fine,tool0; !直线运行至第三个抓取点
SetDO Absorb_On,1;
WaitTime 1;
MoveL Offs(Pick,0,-120,60),v200,fine,tool0;
MoveJ Offs(Place,-120,0,60),v200,fine,tool0;
MoveL Offs(Place,-120,0,0),v200,fine,tool0;
SetDo Absorb_On,0;
WaitTime 1;
MoveL Offs(Place,-120,0,60),v200,fine,tool0;
MoveAbsJ phome\NoEOffs,v800,z50,tool0\WObj:=wobj0;   !任务完成,回到初始点
ENDPROC

🔍 任务实施

一、更新工业机器人转数计数器

利用示教器操作,在手动模式下,通过单轴运动,按照 4—5—6—1—2—3 轴的顺序使工业机器人回到机械原点位置,进行转数计数器更新,具体操作步骤见项目一中任务三的项目实施。

二、创建工作站工具数据

利用示教器操作,在手动模式下,完成安装在工业机器人第 6 轴末端吸盘的工具中心点(TCP)、重量,以及重心等参数设定,并验证其正确性,具体操作步骤见项目二中任务一的项目实施。

三、创建工作站工件数据

在所建工具坐标的基础上,利用示教器操作,在手动模式下,通过三点法完成重叠式码垛工作站工件坐标(X、Y、Z 轴)的设定,并验证其正确性,具体操作步骤见项目二中任务二的项目实施。

四、I/O 板及 I/O 信号配置

按照重叠式码垛工作站给定的要求，利用示教器配置 DSQC 652 板，现场总线为 DeviceNet，I/O 板地址为"10"，配置给定的数字输入/输出信号，完成信号测试，具体操作步骤见项目三中任务一和任务二的项目实施。

五、程序编程与调试

利用示教器编程完成工业机器人多个圆形物品搬运任务，具体步骤及说明如表 5-2 所示。

多个圆形物品搬运
编程与调试演示视频

表 5-2　工业机器人多个圆形物品搬运的具体操作步骤及说明

操作步骤	操作说明	示意图
1	选择"程序编辑器"选项	
2	单击"文件"按钮	
3	选择"新建模块"选项	

(续表)

操作步骤	操作说明	示意图
4	单击"ABC…"按钮，修改名称	
5	单击"例行程序"按钮	
6	单击"文件"按钮，选择"新建例行程序"选项	
7	单击"ABC…"按钮，修改名称，再单击"确定"按钮	

（续表）

操作步骤	操作说明	示意图
8	选择"程序数据"选项	
9	单击"视图"按钮，选择"全部数据类型"选项	
10	选择"robtarget"选项	
11	单击"新建"按钮	

(续表)

操作步骤	操作说明	示意图
12	修改名称为"Pick"，单击"确定"按钮	
13	修改放料点名称为"Place"，单击"确定"按钮	
14	单击"添加指令"按钮	
15	选择"MoveAbsJ"指令，双击"*"	

（续表）

操作步骤	操作说明	示意图
16	选择"新建"选项	
17	修改名称为"PHome"，单击"确定"按钮	
18	单击"转弯半径"参数，将其设为"fine"	
19	单击"PHome"，再单击"调试"按钮，选择"查看值"选项	

(续表)

操作步骤	操作说明	示意图
20	将"PHome"位置点改为0、0、0、0、90、0	
21	添加"MoveJ"指令，单击"功能"按钮	
22	操作示教器，将工业机器人末端移动至取料点第一个位置	
23	选择"Offs"选项	

（续表）

操作步骤	操作说明	示意图
24	将"Pick""0""0""60"依次填入<EXP>中	
25	将速度修改为"v200"	
26	添加"MoveL Pick, v200, fine, tool0;"语句	
27	添加"SetDO Absorb_on，1"语句	

(续表)

操作步骤	操作说明	示意图
28	添加"WaitTime 1;"指令	
29	添加"MoveL Offs(Pick,0,0,60) v200, fine, tool0;"语句	
30	操作示教器,将工业机器人末端移动至物料放置的第一个位置	
31	添加"MoveJ Offs(Place,0,0,60) v200, fine, tool0;"语句	

(续表)

操作步骤	操作说明	示意图
32	添加"MoveL Place, v200, fine, tool0;"语句	
33	添加"SetDO Absorb_On,0;"语句	
34	添加"MoveL Offs(Place,0,0,60), v200, fine, tool0;"语句	
35	操作示教器,将工业机器人末端移动至取料点的第二个位置	

操作步骤	操作说明	示意图
36	添加"MoveJ Offs(Pick,0,-60,60), v200, fine, tool0;"语句	
37	添加"MoveL Offs(Pick,0,-60,0), v200, fine, tool0;"语句	
38	添加"SetDO Absorb_On, 1;"语句	
39	添加"WaitTime 1;"指令	

操作步骤	操作说明	示意图
40	添加"MoveL Offs(Pick,0,-60,60), v200, fine, tool0;"语句，到达第二个取料点的上方	
41	操作示教器，将工业机器人末端移动至物料的第二个放置点	
42	添加"MoveJ Offs(Place,-60,0,60), v200, fine, tool0;"语句，到达第二个物料放置点的上方	
43	添加"MoveJ Offs(Place,-60,0,0), v200, fine, tool0;"语句，到达第二个物料放置点	

（续表）

操作步骤	操作说明	示意图
44	添加"SetDO Absorb_On,0;"语句	
45	添加"MoveL Offs(Place,-60,0,60), v200, fine, tool0;"语句，到达第二个物料放置点的上方	
46	抓取第三个物料的程序与抓取第二个物料的程序是一样的，第三个物料的位置为(X：-120；Y：0；Z：0)	

🔍 任务评价

任务内容：多个圆形物品搬运编程与操作　　　　测评人：

考核内容		标准分	实际得分
工业机器人回到初始点	任务初始时是否回到初始点	5	
	任务结束后是否回到初始点	5	
第一次搬运	是否在第一个抓取点成功完成抓取	5	
	是否成功放置在第一个放置点	5	
第二次搬运	是否在第二个抓取点成功完成抓取	10	
	是否成功放置在第二个放置点	10	
	过程中是否使用 offs 指令	20	
第三次搬运	是否在第三个抓取点成功完成抓取	10	
	是否成功放置在第三个放置点	10	
	过程中是否使用 offs 指令	15	
安全文明操作	是否遵守操作规程	5	
总计		100	

习 题

一、填空题

1. Offs 是一个函数，返回值为一个位置数据，其数据类型为_____。

2. ABB 机器人在坐标系中偏移用到的指令有_____和_____。

3. XOffset 表示工件坐标系中_____方向的位移。

4. 使用 Offs 指令时，其偏移量通常是以_____为单位进行计算的。

5. Offs 指令生成的新位置是基于_____和偏移量计算得出的。

二、选择题

1. YOffset 表示工件坐标系中 Y 方向的位移，数据类型为( )。

    A. switch   B. num   C. signaldo   D. robtarget

2. Offs 偏移指令参考的坐标系是( )。

    A. 大地坐标系   B. 当前使用的工具坐标系

    C. 当前使用的工件坐标系   D. 基坐标系

3. 功能指令 Offs 的作用是定义目标点在 X、Y、Z 方向的偏移。例如，p40:=Offs(p30,150,230,300)是指 p40 点相对于 p30 点在 X 方向偏移( )。

    A. 150   B. 230   C. 300   D. −150

4. MoveL Offs(p1,0,0,5),v10,z5,tool0\WObj=wobj1;的含义为( )。

    A. 将机器人 TCP 移动到 p1 基准点，沿着 wobj1 的 Z 轴正方向偏移 5mm

    B. 将机器人 TCP 移动到 p1 基准点，沿着 wobj1 的 Z 轴负方向偏移 5mm

    C. 将机器人 TCP 移动到 p1 基准点，沿着 wobj1 的 Y 轴负方向偏移 5mm

    D. 将机器人 TCP 移动到 p1 基准点，沿着 wobj1 的 Z 轴正方向偏移 5cm

5. 在 ABB 工业机器人编程中，以( )操作不能通过 offs 指令直接实现。

    A. 将机器人移动到当前位置上方 100mm 处

    B. 将机器人移动到指定坐标系的原点

    C. 将工具移动到工件上的某个特定位置

    D. 将机器人从当前位置旋转 90 度

三、判断题

1. p1:= Offs (p1, 5, 10, 15);的含义为机械臂位置 p1 沿 x 方向移动 5mm，沿 y 方向移动 10mm，且沿 z 方向移动 15mm。 ( )

2. MoveL Offs(p2, 0, 0, 10), v1000, z50, tool1;的含义为将机械臂移动至距位置 p2(沿 z 方向)10mm 的一个点。 ( )

3. 工业机器人位置偏置指令函数形式可写为 Offs (Point, XOffset, YOffset, ZOffset)。 ( )

4. Offs 偏移指令的功能是以选定的目标点为基准，沿着选定的工件坐标系的 X、Y、Z 轴方向偏移一定的距离。 ( )

5. Offs 指令中的偏移量可以是正数、负数或零，表示在指定方向上的偏移距离。( )

任务三　多个方形物品搬运编程与操作

🔍 **知识目标**

- 了解位置偏置指令 RelTool 的概念和作用;
- 掌握位置偏置指令 RelTool 的格式及应用;
- 掌握多个方形物品搬运程序的编程及操作。

🔍 **任务描述**

利用工业机器人搬运工作站平台,完成工业机器人搬运多个方形物品的任务:将一个托盘内的三个方形物品,从初始位置(见图 5-8)搬运至目标位置(见图 5-9)。

任务描述

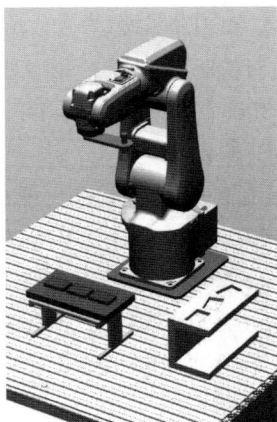

图 5-8　初始位置

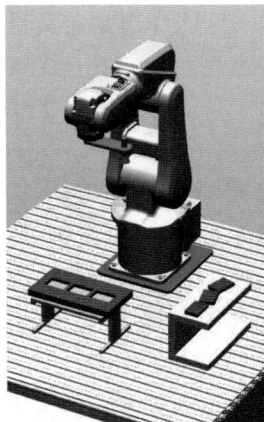

图 5-9　目标位置

两个托盘规格尺寸略有差异,待抓取处的托盘排列方式如图 5-10 所示,待放置处的托盘排列方式如图 5-11 所示。两只托盘相比较,它们三个方形槽的中心排布是等距的,距离都为 70mm,但是放置处托盘的三个方形槽的姿态有所不同,第一个方形槽与托盘边缘平行,第二、第三个方形槽与托盘边缘呈 15°角。

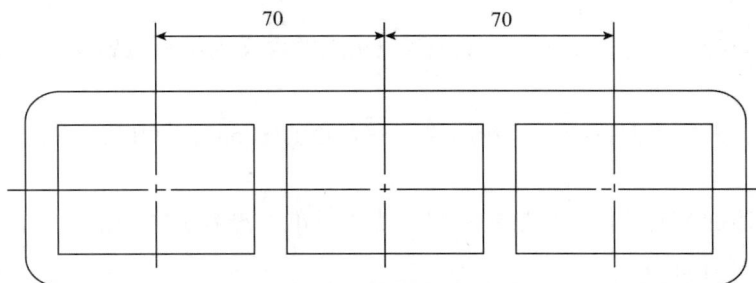

图 5-10　托盘尺寸相对位置(抓取位)

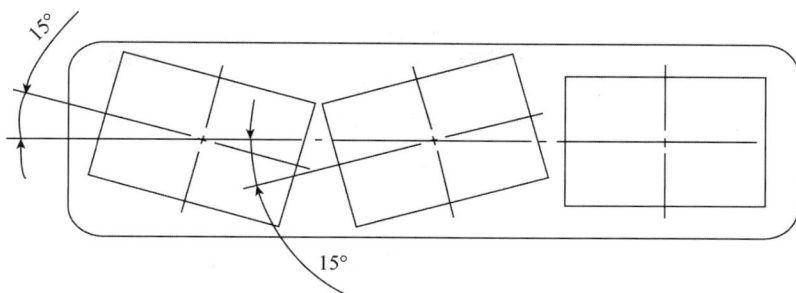

图 5-11　托盘尺寸相对位置(放置位)

🔍 知识准备

一、工业机器人位置偏置指令

RelTool(relative tool)指令用于将通过有效工具坐标系表达的位移和/或旋转增加至机械臂当前位置，从而实现对位置的调整，其数据类型为 robtarget。

格式形式：

RelTool (Point, Dx, Dy, Dz　[\Rx], [\Ry], [\Rz])

RelTool 指令的参数及具体参数含义如表 5-3 所示。

位置偏置指令
reltool 微课视频

表 5-3　RelTool 指令的参数及含义

参数	含义
Point	数据类型：robtarget 输入参考位置，该位置的方位规定了工具坐标系的当前方位
Dx	数据类型：num 工具坐标系 x 方向的位移，以 mm 计
Dy	数据类型：num 工具坐标系 y 方向的位移，以 mm 计
Dz	数据类型：num 工具坐标系 z 方向的位移，以 mm 计
[\Rx]	数据类型：num 围绕工具坐标系 x 轴的旋转，以度计
[\Ry]	数据类型：num 围绕工具坐标系 y 轴的旋转，以度计
[\Rz]	数据类型：num 围绕工具坐标系 z 轴的旋转，以度计

注意：如果同时指定两次或三次旋转，则首先围绕 x 轴旋转，然后围绕新的 y 轴旋转，最后围绕新的 z 轴旋转。

例如：

MoveL RelTool (p1, 0, 0, 100), v100, fine, tool1;

解析：机械臂沿着当前工具坐标系的 z 方向移动至距 p1 点 100 mm 的位置。

MoveL RelTool (p1, 0, 0, 0 \Rz:= 25), v100, fine, tool1;

解析：机械臂沿着当前工具坐标系 z 轴旋转 25°。

二、任务分析

本任务中，工业机器人需要搬运三个不同位置的方形物品至指定位置。通过分析可知，对于待抓取的三个方形物品，工业机器人可以采用偏移函数 offs 依次抓取它们。第一个抓取点为 pick，第二个抓取点为 offs(pick, 70, 0, 0)，第三个抓取点为 offs(pick, 140, 0, 0)。而对于待放置的点位，因为存在姿态差异，所以可以利用 RelTool 函数让工业机器人的末端执行器沿着方形物品的中心轴旋转＋15°和−15°而得到正确的点位姿态。任务过程如图 5-12 所示。

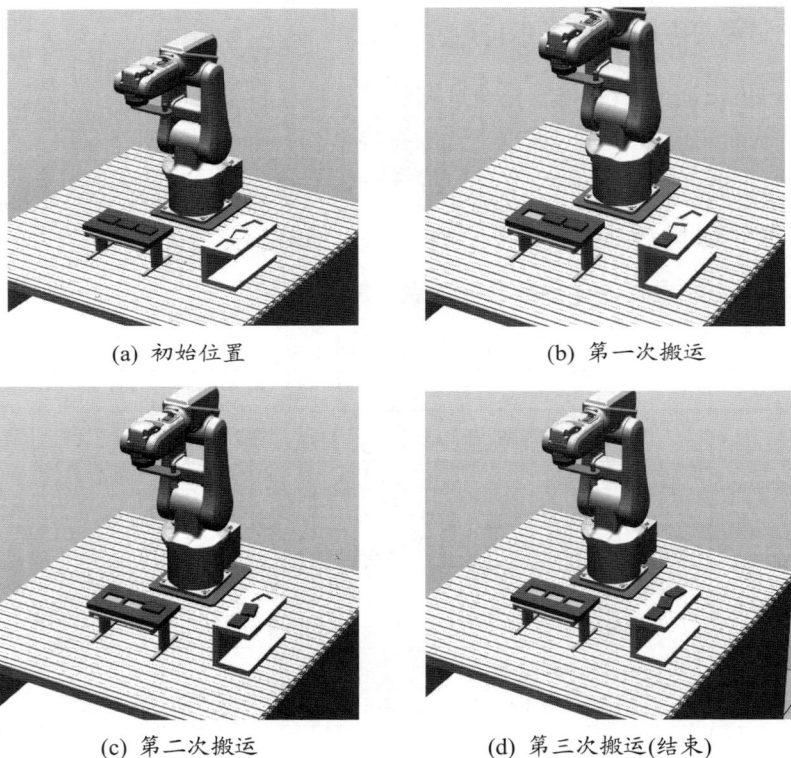

(a) 初始位置

(b) 第一次搬运

(c) 第二次搬运

(d) 第三次搬运(结束)

图 5-12 任务过程

三、任务完整程序

工业机器人的点位、信号及工具坐标系说明如下：

pHome：初始点，工业机器人初始位置所处的点位。

Pick：第一个物品抓取点，工业机器人末端执行器可在此点抓取第一个物品，即物品搬运的首个抓取点。

Place：第一个物品放置点，工业机器人末端执行器可在此点放置第一个物品，即物品搬运的首个目的点。

Absorb_On：工业机器人数字输出信号，用于控制真空吸盘有无真空吸力，当其置为 1 时，产生吸力，当其置为 0 时，吸力消失。

NewTool：当前使用的末端执行器工具坐标系，其坐标系原点位于真空吸盘中心，坐标轴方向如图 5-13 所示。若工业机器人此时没有此工具坐标系，则任务开始前应先建立此工具坐标系。

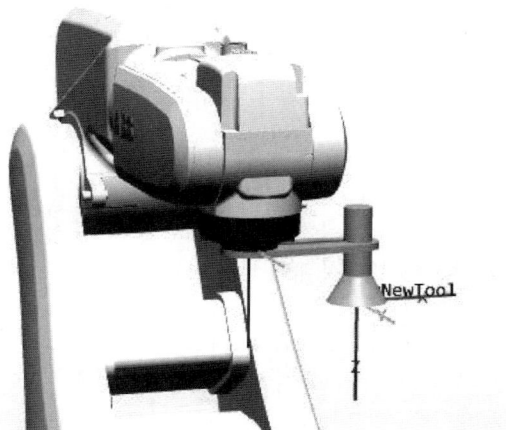

图 5-13 工具坐标 NewTool

任务的主要程序如下：
(重要的程序代码后添加了注释，程序注释前会添加符号"！")

```
PROC main()
        MoveAbsJ phome\NoEOffs, v1000, fine,NewTool\WObj:=wobj0;
        ! 搬运第一个方形物品
        MoveJ RelTool(Pick,0,0,-60), v200, fine, NewTool;
        MoveL RelTool(Pick,0,0,0), v200, fine, NewTool;
        SetDO Absorb_On, 1;
        WaitTime 1;
        MoveL RelTool(Pick,0,0,-60), v200, fine, NewTool;
        MoveJ RelTool(Place,0,0,-60), v200, fine, NewTool;
        MoveL RelTool(Place,0,0,0), v200, fine, NewTool;
        SetDO Absorb_On, 0;
        WaitTime 1;
        MoveL RelTool(Place,0,0,-60), v200, fine, NewTool;
        !搬运第二个方形物品
        MoveJ RelTool(Pick,0,70,-60), v200, fine, NewTool;
        MoveL RelTool(Pick,0,70,0), v200, fine, NewTool;
        SetDO Absorb_On, 1;
        WaitTime 1;
        MoveL RelTool(Pick,0,70,-60), v200, fine, NewTool;
        MoveJ RelTool(Place,0,-70,-60\Rz:=-15), v200, fine, NewTool;
        !运行至一个点，该点以第一个放置点 Place 为基准，沿着工具坐标系 tool0 的 Y 轴偏移了
```

-70mm，并且同时也沿着工具坐标系 NewTool 的 Z 轴偏移了-60mm，以及绕着工具坐标系 NewTool 的 Z 轴旋转-15°。

MoveL RelTool(Place,0,-70,0\Rz:=-15), v200, fine, NewTool;

!直线运行至第二个放置点，该点以第一个放置点 Place 为基准，沿着工具坐标系 NewTool 的 Y 轴偏移了-70mm，并且同时绕着工具坐标系 NewTool 的 Z 轴旋转-15°。

SetDO Absorb_On, 0;

WaitTime 1;

MoveL RelTool(Place,0,-70,-60\Rz:=-15), v200, fine, NewTool;

(第三个物品以此类推)

🔍 任务实施

一、更新工业机器人转数计数器

利用示教器操作，在手动模式下，通过单轴运动，按照 4—5—6—1—2—3 轴的顺序使工业机器人回到机械原点位置，进行转数计数器更新，具体操作步骤见项目一中任务三的项目实施。

二、创建工作站工具数据

利用示教器操作，在手动模式下，完成安装在工业机器人第 6 轴末端吸盘的工具中心点(TCP)、重量，以及重心等参数设定，并验证其正确性，具体操作步骤见项目二中任务一的项目实施。

三、创建工作站工件数据

在所建工具坐标的基础上，利用示教器操作，在手动模式下，通过三点法完成重叠式码垛工作站工件坐标(X、Y、Z 轴)的设定，并验证其正确性，具体操作步骤见项目二中任务二的项目实施。

四、I/O 板及 I/O 信号配置

按照重叠式码垛工作站给定的要求，利用示教器配置 DSQC 652 板，现场总线为 DeviceNet，I/O 板地址为 10，配置给定的数字输入/输出信号，并完成信号测试，具体操作步骤见项目三中任务一和任务二的项目实施。

五、程序编程与调试

利用示教器完成工业机器人多个方形物品搬运的编程与操作任务，具体操作步骤及说明如表 5-4 所示。

多个方形物品搬运
编程与操作演示视频

表 5-4 工业机器人多个方形物品搬运的具体操作步骤及说明

操作步骤	操作说明	示意图
1	选择"程序编辑器"选项	
2	单击"文件"按钮	
3	选择"新建模块"选项	
4	单击"ABC…"按钮，修改名称	

(续表)

操作步骤	操作说明	示意图
5	单击"例行程序"按钮	
6	选择"新建例行程序"选项，修改程序名称为"main"	
7	选择"程序数据"选项	
8	单击"视图"按钮，选择"全部数据类型"选项	

操作步骤	操作说明	示意图
9	选择"robtarget"选项,作为点位的存放	
10	操作示教器,将工业机器人末端移动至取料点第一个位置	
11	单击"新建"按钮	
12	修改名称为"Pick",单击"确定"按钮	

(续表)

操作步骤	操作说明	示意图
13	操作示教器,将工业机器人末端移动至物料放置的第一个位置	
14	修改放料点名称为"Place",单击"确定"按钮	
15	单击"添加指令"按钮	
16	添加"MoveAbsJ"指令,双击"*"	

（续表）

操作步骤	操作说明	示意图
17	选择"新建"选项	
18	修改名称为"PHome"，单击"确定"按钮	
19	将速度参数修改为"fine"	
20	单击"PHome"，再单击"调试"按钮，选择"查看值"选项	

（续表）

操作步骤	操作说明	示意图
21	将"PHome"位置点改为0、0、0、0、90、0	
22	选择"MoveJ"指令，双击"*"	
23	单击"功能"按钮，选择"RelTool"选项	
24	添加"MoveJ RelTool(Pick,0,0,-60), v200, fine, NewTool;"语句，到达第一个取料点的上方	

（续表）

操作步骤	操作说明	示意图
25	添加 "MoveL RelTool(Pick,0,0,0), v200, fine, NewTool;"语句，到达取料点	
26	添加 "SetDO Absorb_on,1;"语句	
27	添加 "WaitTime 1;"指令	
28	添加 "MoveL RelTool(Pick,0,0,-60), v200, fine, NewTool;"语句，到达第一个取料点的上方	

(续表)

操作步骤	操作说明	示意图
29	添加 "MoveJ RelTool(Place,0,0,-60), v200, fine, NewTool;" 语句，到达第一个放料点的上方	
30	添加 " MoveL RelTool(Place,0,0,0), v200, fine, NewTool;" 语句，到达第一个放料点	
31	添加 "SetDO Absorb_on,0;" 语句	
32	添加 "WaitTime 1;" 指令	

(续表)

操作步骤	操作说明	示意图
33	添加"MoveL RelTool(Place,0,0,-60), v200, fine, NewTool;"语句，到达第一个放料点的上方	
34	添加"MoveJ RelTool(Pick,0,70,-60), v200, fine, NewTool;"语句，到达第二个取料点的上方	
35	添加"MoveL RelTool(Pick,0,70,0), v200, fine, NewTool;"语句，到达第二个取料点	
36	添加"SetDO Absorb_on,1;"语句	

操作步骤	操作说明	示意图
37	添加"WaitTime 1;"指令	
38	添加"MoveJ RelTool(Place,0, -70, -60\Rz:=-15), v200, fine, NewTool;"语句，到达第二个放料点的上方	
39	添加" MoveL RelTool(Place,0,-70, 0\Rz:=-15), v200, fine, NewTool;"语句，到达第二个放料点	
40	添加"SetDO Absorb_on,0;"语句	

（续表）

操作步骤	操作说明	示意图
41	添加"WaitTime 1;"指令	
42	添加"MoveL RelTool(Place,0,-70,-60\Rz:=-15), v200, fine, NewTool;"语句，到达第二个放料点的上方	
43	第三个物料的抓取程序与第二个物料的抓取程序是一样的，第三个物料位置为(X:0; Y:-140; Z:0; Rz:15)	

任务评价

任务内容：多个方形物品搬运编程与操作　　　　测评人：

考核内容		标准分	实际得分
工业机器人回到初始点	任务初始时是否回到初始点	5	
	任务结束后是否回到初始点	5	
第一次搬运	是否在第一个抓取点成功完成抓取	5	
	是否成功放置在第一个放置点	5	
第二次搬运	是否在第二个抓取点成功完成抓取	10	
	是否成功放置在第二个放置点	15	
	过程中是否使用了 RelTool 指令	15	
第三次搬运	是否在第三个抓取点成功完成抓取	10	
	是否成功放置在第三个放置点	15	
	过程中是否使用了 RelTool 指令	10	
安全文明操作	是否遵守操作规程	5	
总计		100	

习　题

一、填空题

1. RelTool (Point, Dx, Dy, Dz [\Rx], [\Ry], [\Rz])中的 Dx 是工具坐标系_____方向的位移，单位以_____计，数据类型为_____。

2. RelTool (Point, Dx, Dy, Dz [\Rx], [\Ry], [\Rz])中的[\Rx]是围绕工具坐标系_____轴的旋转，以_____计，数据类型为_____。

3. MoveL RelTool (p1, 0, 0, 0 \Rz:= 40), v100, fine, tool1;将工具围绕其 z 轴旋转_____。

4. 当使用 RelTool 指令时，如果偏移量过大或过小，可能会导致机器人_____，因此在实际应用中需要合理设置偏移量。

5. 在使用 RelTool 指令时，需要确保机器人程序中已经定义了_____数据。

二、选择题

1. RelTool 指令的中文意思为(　　)。
   A. 对工具的位置和姿态进行偏移　　　　B. 对机器人位置进行偏移
   C. 计算两个位置的距离　　　　　　　　D. 镜像一个位置

2. RelTool 偏移指令参考的坐标系是(　　)。
   A. 大地坐标系　　　　　　　　　　　　B. 当前使用的工具坐标系
   C. 当前使用的工件坐标系　　　　　　　D. 基坐标系

3. Point 的数据类型为(　　)。
   A. switch　　　　　　B. num　　　　　　C. signaldo　　　　D. robtarget

4. 编程时，在语句前加上(　　)，则整条语句作为注释行，不会被程序执行。
   A. !　　　　　　　　B. #　　　　　　　C. *　　　　　　　D. **

5. 假设 RelTool 是一个自定义指令，用于设置工具偏移，以下(　　)数据类型最适合表示偏移量。
   A. robtarget　　　　　B. num　　　　　　C. pos　　　　　　D. wobjdata

三、判断题

1. MoveL RelTool (pl, 0, 0, 100), v100, fine, tool1;的含义为沿着当前工具坐标系的 z 轴方向，将机械臂移动至距 pl 点 100 mm 的位置。　　　　　　　　　　　　　(　　)

2. MoveL RelTool (pl, 0, 0, 0\Rz:= 25), v100, fine, tool1;的含义为机械臂沿着当前工具坐标系 z 轴绕其旋转 25°。　　　　　　　　　　　　　　　　　　　　　(　　)

3. RelTool 指令的函数形式为 RelTool(Point, Dx, Dy, Dz[\Rx] [\Ry] [\Rz])。　(　　)

4. 位置数据(robtarget)的存储类型包括常量、变量和可变量。　　　　　　　(　　)

5. RelTool 指令通常用于设置工具与机器人法兰之间的相对偏移。　　　　　(　　)

项目六
工业机器人码垛项目编程与操作

任务一　重叠式码垛工作站编程与操作

知识目标

- 了解常见的工业机器人码垛形式；
- 掌握参数例行程序的格式及应用；
- 掌握数据存储类型及应用；
- 掌握重叠式码垛程序编程及操作。

任务描述

现有一工厂生产出一批方块产品，初始位置如图 6-1 所示。利用工业机器人码垛工作站平台完成工业机器人重复式码垛的任务，将平面排列的方形物品从初始位置码垛成目标位置，如图 6-2 所示。

任务描述

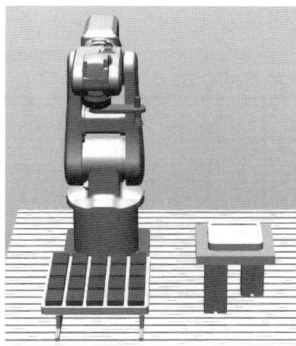

图 6-1　初始位置

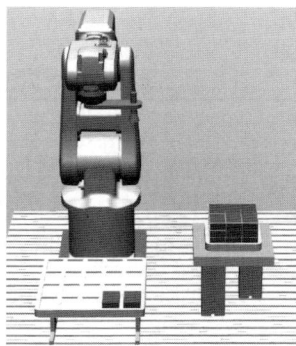

图 6-2　目标位置

两个托盘的尺寸如图 6-3 和图 6-4 所示。

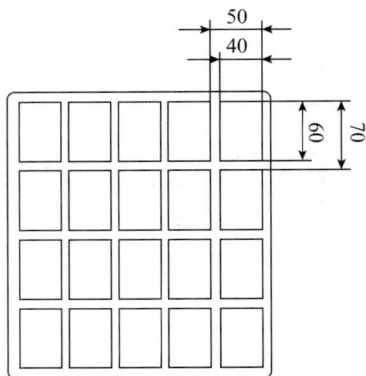

图 6-3 初始托盘尺寸

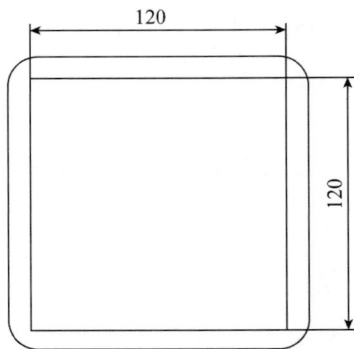

图 6-4 码垛托盘尺寸

知识准备

一、码垛定义及方式

工业机器人在码垛行业有着相当广泛的应用，因为码垛机器人不仅大大节省了劳动力，还节省了作业空间。码垛机器人运作灵活精准、快速高效，作业效率高。码垛主要分为两类，分别是堆垛和拆垛。将杂乱的产品摆放成有规整形状的垛型称为堆垛；将有序规整堆放的产品，拆成单个的产品进行下一工序的作业称为拆垛。

常见的工业机器人码垛方式有 4 种：重叠式、正反交错式、纵横交错式和旋转交错式，如图 6-5 所示。各码垛方式的优缺点如表 6-1 所示。

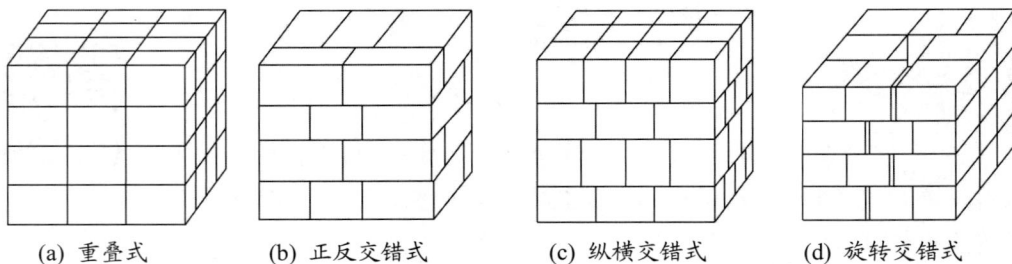

(a) 重叠式   (b) 正反交错式   (c) 纵横交错式   (d) 旋转交错式

图 6-5 常见工业机器人码垛方式

表 6-1 常见工业机器人码垛方式的优缺点

名称	优点	缺点
重叠式	1. 堆码简单，堆码时间短； 2. 承载能力大； 3. 托盘可以得到充分利用	1. 不稳定，容易塌垛； 2. 堆码形式单一，美观程度低
正反交错式	1. 不同层间咬合强度高，稳定性高，不易塌垛； 2. 美观程度高； 3. 托盘可以得到充分利用	1. 堆码相对复杂，堆码时间相对较长； 2. 包装体之间相互挤压，下部分容易被压坏

(续表)

名称	优点	缺点
纵横交错式	1. 堆码简单，堆码时间相对较短； 2. 托盘可以得到充分利用	1. 不稳定，容易塌垛； 2. 堆码形式相对单一，美观程度相对低
旋转交错式	1. 稳定性高，不易塌垛； 2. 美观程度高	1. 中间易形成空穴，降低托盘利用效率； 2. 堆码相对复杂，堆码时间相对长

二、参数例行程序

参数例行程序是指例行程序可以输入参数，参数个数可以是多个，但是参数的数据类型可以不同，在工业机器人控制器中建立带参数例行程序时，参数设置过程中应注意参数的存储类型。

参数例行程序
微课视频

例 1　例行子程序名为 YD，其带有 x、y 两个形参。

```
PROC YD(num x,num y)
    MoveL Offs(p1,x,y,0),v200,fine,MyNewTool;
ENDPROC
```

解析：该子程序 YD 的功能为直线运动至一个点，该点以 p1 点为基准，沿着工件坐标系 X 轴和 Y 轴分别偏移 x 和 y。

例 2　创建包含两个参数的例行程序 pk，实现功能为从 p10 位置吸取物品并放到 p20 位置放置。

```
PROC Routine1(  )
    pk p10, p20;
ENDPROC
PROC pk (robtarget pick,robtarget place )
    MoveJ offs(pick ,0,0,30),v500,z0,tool0;
    MoveL pick,v500,fine,tool0;
    Set do1;
    MoveL offs(pick,0,0,30),v500,z0,tool0;
    MoveJ offs(place,0,0,30),v500,z0,tool0;
    MoveL place,v500,fine,tool0;
    Reset do1;
    MoveL offs(place,0,0,30),v500,z0,tool0;
ENDPROC
```

解析：pk 例行程序中含有 pick 和 place 两个参数，其数据类型是 robtarget。程序运行过程中将 p10、p20 两个实际量分别代入到 pick、place 两个参数中。

三、数据存储类型

ABB 机器人的任何数据都有存储类型，分为常量 CONST、变量 VAR 和可变量 PERS。

数据存储类型
微课视频

常量是指存储程序时不可修改的固定值，必须声明初始化。变量是程序运行中可修改的临时数据，默认不会保留其值(重启或例程结束后重置)。可变量是持久性变量，程序运行中可修改，保留至程序重启或电源关闭，常用于需长期保存的配置或状态。

四、任务分析

本任务中，工业机器人需要使用重复式码垛的方式搬运方形物品，需要搬运的方形物品为 18 块，原先平面排列在初始托盘中(见图 6-1)，经过码垛后变为每层 6 块共 3 层的垛堆(见图 6-2)。

通过分析可知，码垛的过程可分为抓取和放置两个过程，两个过程都可使用 Offs 指令进行偏移抓取与放置。抓取过程中，偏移的方向有两个，可设定为沿着 X 轴、Y 轴偏移。而放置过程中，偏移的方向有三个(增加了高度方向的偏移)，可设定为沿着 X 轴、Y 轴、Z 轴偏移，其中 Z 轴为高度方向。码垛的主要过程如图 6-6 所示。

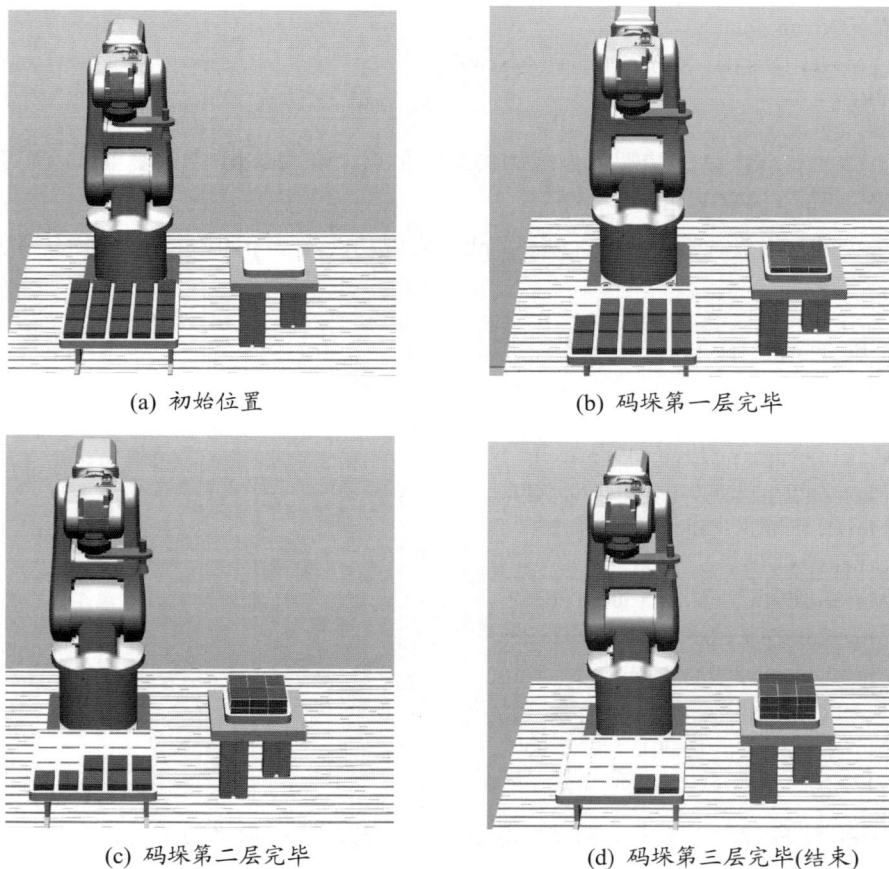

(a) 初始位置

(b) 码垛第一层完毕

(c) 码垛第二层完毕

(d) 码垛第三层完毕(结束)

图 6-6　任务过程

五、任务程序及说明

对工业机器人的点位、信号及子程序说明如下。

(1) pHome：初始点，工业机器人初始位置所处的点位。

(2) Pick：物品抓取点，工业机器人末端执行器可在此点抓取物品。

(3) Place：物品放置点，工业机器人末端执行器可在此点放置物品，即物品搬运的目的点。

(4) Absorb_On：工业机器人数字输出信号，用于控制真空吸盘有无真空吸力，当其置为1时，产生吸力，当其置为0时，吸力消失。

(5) Pickup：子程序，带有两个形参。其主要功能为在初始托盘中抓取一个物品，两个形参分别表示向 X 轴方向及 Y 轴方向的偏移量。

(6) Placedown：子程序，带有三个形参。其主要功能为把抓取到的物品放置在码垛托盘中，三个形参分别表示向 X 轴方向、Y 轴方向及 Z 轴方向的偏移量。

任务的主要程序如下：

```
PROC main()
    MoveAbsJ phome\NoEOffs,v800,z50,tool0\WObj:=wobj0;
    !码垛的第一层第一排
    Pickup 0,0;
    Placedown 0,0,0;
    Pickup 0,50;
    Placedown 0,-40,0;
    Pickup 0,100;
    Placedown 0,-80,0;
    !码垛的第一层第二排
    Pickup 0,150;
    Placedown 60,0,0;
    Pickup 0,200;
    Placedown 60,-40,0;
    Pickup 70,0;
    Placedown 60,-80,0;
    !码垛的第二层第一排
    Pickup 70,50;
    Placedown 0,0,10;
    Pickup 70,100;
    Placedown 0,-40,10;
    Pickup 70,150;
    Placedown 0,-80,10;
    !码垛的第二层第二排
    Pickup 70,200;
    Placedown 60,0,10;
    Pickup 140,0;
    Placedown 60,-40,10;
    Pickup 140,50;
    Placedown 60,-80,10;
    !码垛的第三层第一排
```

```
        Pickup 140,100;
        Placedown 0,0,20;
        Pickup 140,150;
        Placedown 0,-40,20;
        Pickup 140,200;
        Placedown 0,-80,20;
        !码垛的第三层第二排
        Pickup 210,0;
        Placedown 60,0,20;
        Pickup 210,50;
        Placedown 60,-40,20;
        Pickup 210,100;
        Placedown 60,-80,20;
        !码垛结束
        MoveAbsJ phome\NoEOffs,v800,z50,tool0\WObj:=wobj0;
    ENDPROC
    !抓取子程序
    PROC Pickup(num x,num y)
        MoveJ Offs(Pick,x,y,60),v200,z10,MyNewTool;
        MoveL Offs(Pick,x,y,0),v200,fine,MyNewTool;
        SetDO Absorb_On,1;
        WaitTime 1;
        MoveL Offs(Pick,x,y,60),v200,z10,MyNewTool;
    ENDPROC
    !放置子程序
    PROC Placedown(num x,num y,num z)
        MoveJ Offs(Place,x,y,60+z),v200,z10,MyNewTool;
        MoveL Offs(Place,x,y,z),v200,fine,MyNewTool;
        SetDo Absorb_On,0;
        WaitTime 1;
        MoveL Offs(Place,x,y,60+z),v200,z10,MyNewTool;
    ENDPROC
```

🔍 任务实施

一、工业机器人转数计数器更新

利用示教器操作，在手动模式下，通过单轴运动，按照 4—5—6—1—2—3 轴的顺序使工业机器人回到机械原点位置，进行转数计数器更新，具体操作步骤见项目一中任务三的项目实施。

二、创建工作站工具数据

利用示教器操作，在手动模式下，完成安装在工业机器人第 6 轴末端吸盘的工具中心点(TCP)、重量，以及重心等参数的设定，并验证其正确性，具体操作步骤见项目二中任务一的项目实施。

三、创建工作站工件数据

在所建工具坐标的基础上，利用示教器操作，在手动模式下，通过三点法完成重叠式码垛工作站工件坐标(X、Y、Z 轴)的设定，并验证其正确性，具体操作步骤见项目二中任务二的项目实施。

四、I/O 板及 I/O 信号配置

按照重叠式码垛工作站给定的要求，利用示教器配置 DSQC 652 板，现场总线为DeviceNet，I/O 板地址为 10，配置给定的数字输入/输出信号，并完成信号测试，具体操作步骤见项目三中任务一和任务二的项目实施。

重叠式码垛工作站
编程与操作演示
视频

五、程序的编程与调试

利用示教器完成重叠式码垛工作站编程与操作的任务，具体操作步骤及说明如表 6-2 所示。

表 6-2　重叠式码垛工作站编程与操作的具体操作步骤及说明

操作步骤	操作说明	示意图
1	选择"程序编辑器"选项，新建模块"Module1"	

(续表)

操作步骤	操作说明	示意图
2	选择"新建例行程序"选项，新建"main"程序	
3	选择"新建例行程序"选项，新建"Pickup"程序	
4	单击"参数"选项中的"…"按钮	
5	单击"添加"按钮，选择"添加参数"选项	

(续表)

操作步骤	操作说明	示意图
6	创建参数"x"，分别将"数据类型"和"模式"设置为"num"和"输入"，单击"确定"按钮	
7	用同样的方法创建参数"y"，单击"确定"按钮	
8	单击"确定"按钮，完成带参子程序"Pickup"的建立	
9	选择"新建例行程序"选项，新建"Placedown"程序	

(续表)

操作步骤	操作说明	示意图
10	创建参数 z，分别将"数据类型"和"模式"设置为"num"和"输入"，然后单击"确定"按钮	
11	单击"确定"按钮，完成带参子程序"Placedown"的建立	
12	单击"添加指令"按钮，选择"MoveAbsJ"指令	
13	双击"*"	

(续表)

操作步骤	操作说明	示意图
14	选择"新建"选项	
15	修改名称为"phome"，单击"确定"按钮	
16	单击"例行程序"按钮	
17	双击"Pickup"子程序进行编程	

（续表）

操作步骤	操作说明	示意图
18	将机器人移动至取料点	
19	单击"添加指令"按钮，选择"MoveJ"指令	
20	双击"*"	
21	单击"功能"按钮，选择"Offs"选项	

（续表）

操作步骤	操作说明	示意图
22	选择第一个"<EXP>"，选择"新建"选项	
23	修改名称为"Pick"，单击"确定"按钮	
24	将"x""y""60"依次填入<EXP>中	
25	将"v1000"和"tool0"修改为"v200"和"MyNewTool"，再单击"确定"按钮	

(续表)

操作步骤	操作说明	示意图
26	将"z10"修改为"fine"	
27	单击"添加指令"按钮,添加"Set Absorb_On; WaitTime1;"语句	
28	添加"MoveL Offs(Pick,x,y,60), v200, z10, MyNewTool;"语句	
29	单击"例行程序"按钮,双击"Placedown"子程序进行编程	

(续表)

操作步骤	操作说明	示意图
30	操作示教器，将工业机器人末端移动至码垛放置点	
31	添加"MoveJ Offs(Place,x,y,60+z), v200, z10, MyNewTool;"语句	
32	添加"MoveL Offs(Place,x,y,z), v200, fine, MyNewTool; Reset Absorb_On;WaitTime1;"语句	
33	添加"MoveL Offs(Place,x,y,60+z),v200, z10, MyNewTool;"语句	

（续表）

操作步骤	操作说明	示意图
34	单击"例行程序"按钮，双击选择"main"例行程序	
35	单击"添加指令"按钮，选择"ProcCall"指令	
36	选择"Pickup"子程序，单击"确定"按钮	
37	将"0"依次输入"x"和"y"中	

(续表)

操作步骤	操作说明	示意图
38	单击"下方"按钮	
39	用同样的方法，在"Placedown"程序中将"0"依次输入"x""y""z"中	
40	通过子程序调用，依次写出第一层码垛程序	
41	通过子程序调用，依次写出第二层码垛程序	

(续表)

操作步骤	操作说明	示意图
42	通过子程序调用，依次写出第三层码垛程序	
43	添加"MoveAbsJ phome\NoEOffs, v1000, z50, MyNewTool;"语句，使得工业机器人回到"phome"点	

任务评价

任务内容：重叠式码垛工作站编程与操作　　　　测评人：

考核内容		标准分	实际得分
末端工具安装及转数计数器更新	工具安装是否正确	3	
	转数计数器更新操作是否正确	7	
建立工具坐标系	创建工具坐标方法是否正确	3	
	能否正确验证工具坐标	2	
建立工件坐标系	创建工件坐标方法是否正确	3	
	坐标轴方向是否正确	2	
配置并测试 I/O 信号	I/O 板配置是否正确	2	
	I/O 信号配置是否正确	5	
	I/O 信号关联及仿真测试是否正确	3	
编写重叠式码垛程序	工业机器人操作过程是否正确	5	
	程序数据创建是否正确	5	
	程序编写是否规范	5	
	点位示教是否完整	5	

(续表)

考核内容		标准分	实际得分
调试重叠式码垛程序	末端工具抓取调试是否正确	5	
	工件抓取调试是否正确	5	
	工件放置调试是否正确	5	
	能否手动完成重叠式码垛任务	15	
	能否自动完成重叠式码垛任务	15	
安全文明操作	是否遵守操作规程及操作结束是否清理现场	5	
总计		100	

习　　题

一、填空题

1. 码垛主要分为两大类：_____和_____。

2. ABB 工业机器人的变量声明是_____。

3. 如果一个例行程序需要接受一个字符串作为形参来显示信息，则应在程序定义中声明该形参为_____类型。

4. 在手动模式下，利用示教器，通过_____完成重叠式码垛工作站工件坐标的设定。

5. 当需要在 ABB 机器人的多个程序模块间共享数据时，通常使用_____变量。

二、选择题

1. 在 ABB 机器人编程中，形参的默认传递方式是(　　)。

　　A. 值传递　　　　　　B. 引用传递　　　　　　C. 指针传递　　　　　　D. 都可以

2. 当一个例行程序有多个形参时，以下描述正确的是(　　)。

　　A. 形参的顺序必须与程序内部使用的顺序相同

　　B. 调用程序时，可以只传递部分形参的值

　　C. 形参的名称在程序内部和外部必须相同

　　D. 形参的类型在程序内部和外部可以不同

3. 下列选项中，(　　)正确描述了 ABB 机器人编程中形参的作用。

　　A. 简化代码　　　　　　　　　　　　　B. 提高程序的可读性

　　C. 增加程序的通用性和复用性　　　　　D. 加快程序的执行速度

4. 下列选项中，(　　)不是 ABB 机器人中变量的特点。

　　A. 可以在程序执行过程中被修改

　　B. 必须在定义时赋予一个初始值

　　C. 可以在不同的程序模块间共享(如果定义为全局变量)

　　D. 可以是任何数据类型

5. 在 ABB 机器人编程中，(　　)用于声明一个名为 positionX 的数值型形参。

　　A. positionX num　　　　　　　　　　B. VAR positionX num

　　C. IN positionX num　　　　　　　　　D. OUT positionX num

三、判断题

1. 码垛机器人运作灵活精准、快速高效、稳定性高，作业效率高。　　　　(　)
2. 调用带形参的例行程序时，传递的参数值必须与形参的类型完全匹配。(　)
3. ABB 机器人中的常量一旦被定义，其值就不能在程序执行过程中被修改。(　)
4. 调用带形参的例行程序时，可以传递任意类型的值作为参数。　　　　(　)
5. ABB 机器人中的局部变量只能在它们被定义的程序块或函数内部访问。(　)

任务二　正反交错式码垛工作站编程与操作

知识目标

● 掌握计数指令格式及应用；
● 掌握流程指令格式及应用；
● 掌握正反交错式码垛程序的编程及操作。

任务描述

现有一工厂生产出一批方块产品，初始位置如图 6-7 所示。利用工业机器人码垛工作站平台完成工业机器人正反交错式码垛的任务，将平面排列的方形物品从初始位置码垛成目标位置(见图 6-8)。

任务描述

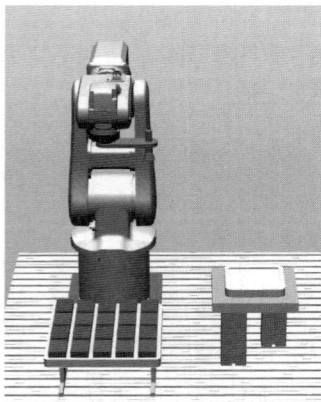

图 6-7　初始位置　　　　　　　　图 6-8　目标位置

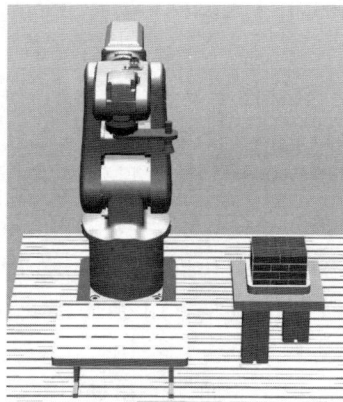

知识准备

一、计数指令

1. 计数指令 Add

Add 用于向数值变量或永久数据对象增减一个数值。其格式如下：

计数指令微课视频

Add Name, Value;

Name：数据名称，数据类型为 num。

Value：增加的值，数据类型为 num。

实例：

Add reg1,3 ;　　　　　　　!等同于 reg1 : =reg1+3;

Add reg1,-reg2 ;　　　　　　!等同于 reg1 :=reg1-reg2;

2. 计数指令 Clear

Clear 用于清除数值变量或永久数据对象，即将数值设置为 0。其格式如下：

Clear Name;

Name：数据名称。

实例：

Clear reg1;　　　　　　　!等同于 reg1:=0;

3. 计数指令 Incr

Incr 用于向数值变量或永久数据对象增加 1。其格式如下：

Incr Name;

Name：数据名称。

实例：

Incr reg1;　　　　　　　!等同于 reg1 :=reg1+1;

4. 计数指令 Decr

Decr 用于从数值变量或永久数据对象减去 1。其格式如下：

Decr Name;

Name：数据名称。

实例：

Decr reg1;　　　　　　　!等同于 reg1 :=reg1-1;

二、程序流程指令

1. 程序流程指令 TEST

　　根据表达式或数据的值，当有待执行不同的指令时，使用 TEST。如果选择分支不多，也可使用 IF..ELSE 指令，标准格式如下：

程序流程指令
微课视频

```
TEST <EXP1>
    CASE < EXP2>:
        <SMT1>
    CASE < EXP3>:
```

　　　　　　　　　　　<SMT2>

　　　　　　　　　　　......

　　　　　　　　　CASE < EXP n>:

　　　　　　　　　　　<SMT m>

　　　　　　　DEFAULT:

　　　　　　　　　　　<SMT m+1>

　　　　ENDTEST

　　　其中,

　　　EXP n: 用于比较测试值的数据或表达式。

　　　SMT m: 指满足条件需要执行相关指令。

　　　将测试数据与第一个 CASE 条件中的测试值进行比较。如果结果是满足的, 则执行相关指令, 如果未满足第一个 CASE 条件, 则对其他 CASE 条件进行测试, 如果未满足任何条件, 则执行与 DEFAULT 相关的指令(如果存在)。

　　　应用:

　　　当前指通过判断相应数据变量与其所对应的值, 控制需要执行的相应指令, 该指令功能与 IF- ELSE 功能类似, 如表 6-3 所示。

　　　实例:

表 6-3　TEST 应用实例程序(与 IF- ELSE 对比)

TEST reg2	IF reg2=1 THEN
CASE 1:	routine1;
routine1;	ELSEIF reg2=2 THEN
CASE 2:	routine2;
routine2;	ELSEIF reg2=3 THEN
CASE 3:	routine3;
routine3;	ELSEIF reg2=4 THEN
CASE 4:	routine4;
routine4;	ELSE
DEFAULT;	Error;
Error;	ENDIF
ENDTEST	

2. 程序流程指令 GOTO

　　　GOTO 指令为跳转指令, 用于将程序执行转移到相同程序内的另一线程(标签)。当程序执行到 GOTO 指令时跳转到对应 Label 标签下面的程序执行。

　　　GOTO Label;

　　　Label: 程序执行位置标签。

　　　当前指令必须与指令 Label 同时使用, 执行当前指令后, Label 只是跳转指令的一个位置标签, 通过跳转指令跳转到当前标签位置后继续向下执行。

实例:

```
IF reg1>100 THEN
    GOTO Label1;
  ELSE
    GOTO Label2;
  ENDIF
    Label2;
    GOTO ready;
    Label1:
    …
    ready;
```

解析:如果 reg1 大于 100,则将执行转移至标签 Label1,否则将执行转移至标签 Label2。仅可能将程序执行转移到相同程序内的一个标签。如果 GOTO 指令亦位于该指令的相同分支内,只有在 IF 或 TEST 指令内,将程序执行转移至标签。如果 GOTO 指令亦位于该指令内,只有在 FOR 或 WHILE 指令内,将程序执行转移至标签。

三、任务分析

本任务中需要使用重复式码垛的方式搬运方形物品,需要搬运的方形物品为 20 块,原先平面排列在初始托盘中,经过码垛后变为每层 5 块共 4 层的垛堆。

通过分析可知,本任务与任务一类似,码垛的过程也可分为抓取和放置两个过程,抓取过程可参考任务一,放置过程则与任务一有所不同。因采用正反交错式码垛,每层的最后两块物品姿态与前三块不同,且相邻两层的排列也有所不同。

为实现搬运中物品的位置与姿态的改变,编程中需要使用 Offs 指令和 RelTool 指令。

四、任务程序及说明

工业机器人的点位、信号及子程序说明如下:

pHome:初始点,工业机器人初始位置所处的点位。

Pick:物品抓取点,工业机器人末端执行器可在此点抓取物品。

Place:物品放置点,工业机器人末端执行器可在此点放置物品,即物品搬运的目的点。

n_count:需要码垛搬运的物品总数。

Pick-index:抓取物品时需要偏移的点。

place-index:抓取物品时需要放置的点。

Absorb_On:工业机器人数字输出信号,用于控制真空吸盘有无真空吸力,当其置为 1 时,产生吸力,当其置为 0 时,吸力消失。

Pickup:子程序,有两个形参。其主要功能为在初始托盘中抓取一个物品,两个形参分别表示向 X 轴方向及 Y 轴方向的偏移量。

Placedown:子程序,有三个形参。其主要功能为把抓取到的物品放置在码垛托盘中,三个形参分别表示向 X 轴方向、Y 轴方向及 Z 轴方向的偏移量。

任务主要程序如下：

```
PROC main()
    MoveAbsJ phome\NoEOffs, v1000, z50, MyNewTool;
    n_count := 20;
    WHILE n_count > 0 DO
        TEST n_count
        CASE 20:
            pick_index:=Offs(Pick,0,0,0);
            place_index:=Offs(place,0,0,0);
        CASE 19:
            pick_index:=Offs(Pick,0,50,0);
            place_index:=Offs(place,0,-40,0);
        CASE 18:
            pick_index:=Offs(Pick,0,100,0);
            place_index:=Offs(place,0,-80,0);
        CASE 17:
            pick_index:=Offs(Pick,0,150,0);
            place_index:=Offs(RelTool(place,0,0,0\Rz:=90),50,-10,0);
        CASE 16:
            pick_index:=Offs(Pick,0,200,0);
            place_index:=Offs(RelTool(place,0,0,0\Rz:=90),50,-70,0);
        CASE 15:
            pick_index:=Offs(Pick,70,0,0);
            place_index:=Offs(place,40,0,10);
        CASE 14:
            pick_index:=Offs(Pick,70,50,0);
            place_index:=Offs(place,40,-40,10);
        CASE 13:
            pick_index:=Offs(Pick,70,100,0);
            place_index:=Offs(place,40,-80,10);
        CASE 12:
            pick_index:=Offs(Pick,70,150,0);
            place_index:=Offs(RelTool(place,0,0,0\Rz:=90),-10,-10,10);
        CASE 11:
            pick_index:=Offs(Pick,70,200,0);
            place_index:=Offs(RelTool(place,0,0,0\Rz:=90),-10,-70,10);
        CASE 10:
            pick_index:=Offs(Pick,140,0,0);
            place_index:=Offs(place,0,0,20);
        CASE 9:
            pick_index:=Offs(Pick,140,50,0);
            place_index:=Offs(place,0,-40,20);
        CASE 8:
            pick_index:=Offs(Pick,140,100,0);
```

```
                    place_index:=Offs(place,0,-80,20);
                CASE 7:
                    pick_index:=Offs(Pick,140,150,0);
                    place_index:=Offs(RelTool(place,0,0,0\Rz:=90),50,-10,20);
                CASE 6:
                    pick_index:=Offs(Pick,140,200,0);
                    place_index:=Offs(RelTool(place,0,0,0\Rz:=90),50,-70,20);
                CASE 5:
                    pick_index:=Offs(Pick,210,0,0);
                    place_index:=Offs(place,40,0,30);
                CASE 4:
                    pick_index:=Offs(Pick,210,50,0);
                    place_index:=Offs(place,40,-40,30);
                CASE 3:
                    pick_index:=Offs(Pick,210,100,0);
                    place_index:=Offs(place,40,-80,30);
                CASE 2:
                    pick_index:=Offs(Pick,210,150,0);
                    place_index:=Offs(RelTool(place,0,0,0\Rz:=90),-10,-10,30);
                CASE 1:
                    pick_index:=Offs(Pick,210,200,0);
                    place_index:=Offs(RelTool(place,0,0,0\Rz:=90),-10,-70,30);
                ENDTEST
                Decr n_count;
                Pickup pick_index;
                Placedown place_index;
            ENDWHILE
            MoveAbsJ phome\NoEOffs, v1000, z50, MyNewTool;
        ENDPROC
!抓取子程序
        PROC Pickup(robtarget P_index)
            MoveJ Offs(P_index,0,0,60), v200, z10, MyNewTool;
            MoveL P_index, v200, fine, MyNewTool;
            Set Absorb_On;
            WaitTime 1;
            MoveJ Offs(P_index,0,0,60), v200, z10, MyNewTool;
        ENDPROC
!放置子程序
        PROC Placedown(robtarget P_index)
            MoveJ Offs(P_index,0,0,60), v200, z10, MyNewTool;
            MoveL P_index, v200, fine, MyNewTool;
            Reset Absorb_On;
            WaitTime 1;
            MoveL Offs(P_index,0,0,60), v200, z10, MyNewTool;
        ENDPROC
```

🔍 **任务实施**

一、更新工业机器人转数计数器

利用示教器操作，在手动模式下，通过单轴运动，按照 4—5—6—1—2—3 轴的顺序使工业机器人回到机械原点位置，进行转数计数器更新，具体操作步骤见项目一中任务三的项目实施。

二、创建工作站工具数据

利用示教器操作，在手动模式下，完成安装在工业机器人第 6 轴末端吸盘的工具中心点(TCP)、重量，以及重心等参数的设定，并验证其正确性，具体操作步骤见项目二中任务一的项目实施。

三、创建工作站工件数据

在所建工具坐标的基础上，利用示教器操作，在手动模式下，通过三点法完成重叠式码垛工作站工件坐标(X、Y、Z 轴)的设定，并验证其正确性，具体操作步骤见项目二中任务二的项目实施。

四、I/O 板及 I/O 信号配置

按照重叠式码垛工作站给定的要求，利用示教器配置 DSQC 652 板，现场总线为 DeviceNet，I/O 板地址为"10"，配置给定的数字输入/输出信号，并完成信号测试，具体操作步骤见项目三中任务一和任务二的项目实施。

五、程序编程与调试

利用示教器完成正反交错式码垛工作站编程与操作的任务，操作步骤及说明如表 6-4 所示。

正反交错式码垛
工作站编程与操作
演示视频

表 6-4　正反交错式码垛工作站编程与操作的具体操作步骤及说明

操作步骤	操作说明	示意图
1	选择"程序编辑器"选项，新建模块"Module1"	

（续表）

操作步骤	操作说明	示意图
2	选择"新建例行程序"选项，新建"main"程序	
3	单击"添加指令"按钮，选择"MoveAbsJ"指令	
4	双击"*"	
5	选择"新建"选项	

（续表）

操作步骤	操作说明	示意图
6	修改名称为"phome"，单击"确定"按钮	
7	单击"例行程序"按钮	
8	单击"文件"按钮，选择"新建例行程序"选项，创建一个新的子程序	
9	将名称修改为"Pickup"，再单击"…"按钮	

（续表）

操作步骤	操作说明	示意图
10	单击"添加"按钮，选择"添加参数"选项	
11	创建参数"P_index"，分别将"数据类型"和"模式"设置为"robtarget"和"输入"，单击"确定"按钮	
12	单击"文件"按钮，选择"新建例行程序"选项，创建一个新的子程序	
13	修改名称改为"Placedown"，再单击"…"按钮	

(续表)

操作步骤	操作说明	示意图
14	创建参数"P_index",分别将"数据类型"和"模式"设置为"robtarget"和"In",单击"确定"按钮	
15	双击"Pickup"子程序进行编程	
16	单击"添加指令"按钮,选择"MoveJ"指令	
17	双击"*"	

（续表）

操作步骤	操作说明	示意图
18	单击"功能"按钮,选择"Offs"选项	
19	将"P_index""0""0""60"依次填入<EXP>中	
20	单击"添加指令"按钮,选择"MoveL"指令	
21	修改目标点为"P_index"点,将"z10"修改为"fine"	

（续表）

操作步骤	操作说明	示意图
22	单击"添加指令"按钮，选择"Set"指令	
23	添加"Set Absorb_On;"和"WaitTime 1;"语句	
24	添加"MoveJ Offs(P_index,0,0,60), v200, z10, MyNewTool;"语句	
25	单击"例行程序"按钮，选择"Placedown"子程序进行编程	

(续表)

操作步骤	操作说明	示意图
26	复制"Pickup"子程序，将"Set Absorb_On;"修改为"Reset Absorb_On;"	
27	单击"例行程序"按钮，双击选择"main()"程序进行编程	
28	单击"主菜单"按钮，然后选择"程序数据"选项	
29	双击"num"	

(续表)

操作步骤	操作说明	示意图
30	单击"新建"按钮，创建"n_count"变量	
31	单击"查看数据类型"按钮，双击"robtarget"	
32	操作示教器，将工业机器人末端移动至取料点	
33	修改取料点名称为"Pick"，单击"确定"按钮	

(续表)

操作步骤	操作说明	示意图
34	操作示教器,将工业机器人末端移动至放料点	
35	修改放料点名称为"place",单击"确定"按钮	
36	创建一个"pick_index"点,将"存储类型"修改为"变量"	
37	创建一个"place_index"点,将"存储类型"修改为"变量"	

(续表)

操作步骤	操作说明	示意图
38	选择例行程序"Main",单击"添加指令"按钮,添加":="指令	
39	添加"n_count:=20;"语句	
40	单击"添加指令",添加"WHILE"指令	
41	添加"n_count>0"语句	

(续表)

操作步骤	操作说明	示意图
42	单击"添加指令",添加"TEST"指令	
43	输入测试数据"n_count"	
44	添加 20 个 CASE 语句	
45	写出第一块物料的取料偏移和放料偏移	

(续表)

操作步骤	操作说明	示意图
46	写出第一层物料的取料偏移和放料偏移	
47	写出第二层物料的取料偏移和放料偏移	
48	写出第三层物料的取料偏移和放料偏移	
49	写出第四层物料的取料偏移和放料偏移	

（续表）

操作步骤	操作说明	示意图
50	单击"添加指令"，添加"Decr"指令	
51	双击"Decr"语句，修改变量为"n_count"	
52	单击"添加指令"按钮，添加"ProcCall"指令	
53	选择"Pickup"子程序，然后将变量修改为"pick_index"	

(续表)

操作步骤	操作说明	示意图
54	选择"Placedown"子程序，然后将变量修改为"place_index"	
55	添加"MoveAbsJ phome\NoEOffs, v1000, z50, MyNewTool;"语句，使得工业机器人回到"phome"点	

任务评价

任务内容：正反交错式码垛工作站编程与操作　　　　测评人：

考核内容		标准分	实际得分
末端工具安装及转数计数器更新	工具安装是否正确	3	
	转数计数器更新操作是否正确	7	
建立工具坐标系	创建工具坐标方法是否正确	3	
	能否正确验证工具坐标	2	
建立工件坐标系	创建工件坐标方法是否正确	3	
	坐标轴方向是否正确	2	
配置并测试 I/O 信号	I/O 板配置是否正确	2	
	I/O 信号配置是否正确	5	
	I/O 信号关联及仿真测试是否正确	3	
编写正反交错式码垛程序	工业机器人操作过程是否正确	5	
	程序数据创建是否正确	5	
	程序编写是否规范	5	
	点位示教是否完整	5	

(续表)

考核内容		标准分	实际得分
调试正反交错式码垛程序	末端工具抓取调试是否正确	5	
	工件抓取调试是否正确	5	
	工件放置调试是否正确	5	
	能否手动完成正反交错式码垛任务	15	
	能否自动完成正反交错式码垛任务	15	
安全文明操作	是否遵守操作规程及操作结束是否清理现场	5	
总计		100	

习　题

一、填空题

1. Clear 用于清除数值变量，即将数值设置为_____。

2. Decr 用于从数值变量或永久数据对象减去_____。

3. Incr reg1;等同于_____。

4. Add reg1,-reg2;等同于_____。

5. TEST 指令通常与_____指令一起使用，以根据条件执行不同的程序段。

二、选择题

1. 在 ABB 机器人的 RAPID 编程中，Clear 指令可应用以下的数据类型变量是(　　)。

　A. 字符串(string)　　　　　　　　B. 整数(int)

　C. 布尔(bool)　　　　　　　　　　D. 位置(pos)

2. 在 RAPID 程序中，使用 GOTO 指令跳过了某些指令，以下说法正确的是(　　)。

　A. 被跳过的指令会被执行　　　　　B. 被跳过的指令不会被执行

　C. 被跳过的指令会立即停止执行　　D. 被跳过的指令会返回错误

3. 计数指令 Incr 的数据类型为(　　)。

　A. switch　　　　B. num　　　　　C. signaldo　　　　D. robtarget

4. 下列选项中，(　　)指令在 ABB 机器人的 RAPID 编程中用于将变量的值增加 1。

　A. Add　　　　　B. Incr　　　　　C. Sub　　　　　　D. Clear

5. 在 RAPID 程序中，(　　)语句正确地定义了一个名为 START 的标签。

　A. START　　　　B. VAR START　　C. LABEL START　　D. GOTO START

三、判断题

1. Add 指令和 Incr 指令都可以用于增加变量的值，但 Incr 指令只能增加 1。　　(　　)

2. Add reg1,3 等同于 reg1:=reg1+3。　　(　　)

3. 在 ABB 机器人的 RAPID 编程中，Clear 指令和 reg1:=0 指令具有相同的效果。

　　　　　　　　　　　　　　　　　　　　　　　　　　　　　　　　　(　　)

4. Incr 指令和 Decr 指令在功能上互为相反，用于递增和递减变量的值。　　(　　)

5. 在 ABB 机器人的 RAPID 编程中，TEST 指令通常用于进行条件判断。　　(　　)

任务三　重叠式码垛工作站编程优化与操作

知识目标

- 掌握循环指令 FOR 的格式及应用;
- 掌握运算符 MOD 的含义及应用;
- 掌握重复式码垛程序的优化编程及操作。

任务描述

利用工业机器人码垛工作站平台,完成本章任务一的内容。查看任务一的程序可知,其大部分代码为类似的重复性代码。现在要求对该程序进行优化,使其不再是简单的重复性代码,且当码垛的层数增加时,仅修改相关的数值即可。

任务描述

知识准备

一、FOR 循环指令

FOR 循环指令通常用于重复执行一系列指令,直到满足特定的条件。可设置步长,步长默认情况为每次加 1。FOR 循环指令的参数及含义见表 6-5 所示。

FOR 循环指令
微课视频

格式:

```
FOR<ID> FROM<EXP>TO<EXP>[STEP< EXP >]DO
    <SMT>
ENDFOR
```

表 6-5　FOR 循环指令的参数及含义

参数	含义
<ID>	变量参数
第一个<EXP>	变量起始值
第二个<EXP>	变量终止值
第三个<EXP>	变量的步长,在默认情况下, STEP <EXP>是隐藏的
<SMT>	需要循环的程序名或程序

例 1:

```
FOR i FROM 1TO 5 DO;
    Changfangxing;                      //子程序 Changfangxing
ENDFOR;
```

解析：递增形式，重复执行 5 次 Changfangxing 程序。

例 2：

```
FOR i FROM 10 TO 1 STEP-1 DO;
    pickup;                //子程序 pickup
ENDFOR;
```

解析：递减形式，重复执行 10 次 pickup 程序。

例 3：

```
FOR i FROM 9 TO 3 STEP -3 DO
    a{i}:=a{i-1};
END FOR
```

解析：将数组中的数值向上调整，以便 a{9}:=a{8}、a{6}:=a{5} 等。

FOR 指令说明：

(1) i 变量在 FOR 指令结构中可以直接使用而不用预先定义，而且 i 在 FOR 当中的值，就等于 FOR 指定的起始值。

(2) i 在 FOR 指令结构外面，必须遵循先定义后使用，遵循变量、可变量和常量规则等，即 i 在 FOR 中的值可以和 i 在 FOR 外面的值互不影响。

二、MOD 指令

MOD 指令表示求模或求余运算，即计算一个数(被除数)除以另一个数(除数)的余数，是用于计算整数除法模数(或余数)的条件表达式。

MOD 指令
微课视频

例 1：

```
10 MOD 4 = 2;    -17 MOD 4 = -1;    -3 MOD 4 = -3;    4 MOD (-3) = 1;    -4 MOD 3 = -1;
```

例 2：

```
reg1:= 14 MOD 4;
```

解析：返回值为 2，即 regl 的值为 2。因为 14 除以 4，得到余数 2。

三、任务程序及说明

工业机器人的点位、信号及子程序说明如下。

pHome：初始点，工业机器人初始位置所处的点位。

Pick：第一个物品抓取点，工业机器人末端执行器第一次可在此点抓取物品。

Place：第一个物品放置点，工业机器人末端执行器第一次可在此点放置物品。

n_X：抓取物品时需要沿着 X 轴方向偏移的距离。

n_Y：抓取物品时需要沿着 Y 轴方向偏移的距离。

f_X：放置物品时需要沿着 X 轴方向偏移的距离。

f_Y：放置物品时需要沿着 Y 轴方向偏移的距离。

f_Z：放置物品时需要沿着 Z 轴方向偏移的距离。

Absorb_On：工业机器人数字输出信号，用于控制真空吸盘有无真空吸力，当其置为 1 时，产生吸力；当其置为 0 时，吸力消失。

Pickup：子程序，有两个形参。其主要功能为在初始托盘中抓取一个物品，两个形参分别表示向 X 轴方向及 Y 轴方向的偏移量。

Placedown：子程序，有三个形参。其主要功能为把抓取到的物品放置在码操托盘中，三个形参分别表示向 X 轴方向、Y 轴方向及 Z 轴方向的偏移量。

任务主要程序如下：

```
PROC main()
    MoveAbsJ phome\NoEOffs, v1000, z50, MyNewTool;
    FOR reg1 FROM 1 TO n DO
        Pickup n_x, n_y;
        Placedown f_x, f_y, f_z;
        IF n_y < 200 THEN                       ! 取码垛的偏移
            n_y := n_y + 50;
        ELSE
            n_y := 0;
            n_x := n_x + 70;
        ENDIF
        IF f_y > -80 THEN                       ! 放码垛的 x、y 偏移
            f_y := f_y - 40;
        ELSE
            f_x := 60;
            f_y := 0;
        ENDIF
        IF reg1 MOD 6 = 0 THEN                  ! 放码垛的 z 偏移
            f_z := f_z + 10;
            f_x := 0;
            f_y := 0;
        ENDIF
    ENDFOR
    MoveAbsJ phome\NoEOffs, v1000, z50, MyNewTool;
ENDPROC
PROC Pickup(num x,num y)
    MoveJ Offs(Pick,x,y,60), v200, z10, MyNewTool;
    MoveL Offs(Pick,x,y,0), v200, fine, MyNewTool;
    Set Absorb_On;
    WaitTime 1;
    MoveJ Offs(Pick,x,y,60), v200, z10, MyNewTool;
ENDPROC
PROC Placedown(num x,num y,num z)
    MoveJ Offs(Place,x,y,60 + z), v200, z10, MyNewTool;
```

```
        MoveL Offs(Place,x,y,z), v200, fine, MyNewTool;
        Reset Absorb_On;
        WaitTime 1;
        MoveJ Offs(Place,x,y,60 + z), v200, z10, MyNewTool;
ENDPROC
```

🔍 任务实施

一、更新工业机器人转数计数器

利用示教器操作，在手动模式下，通过单轴运动，按照 4—5—6—1—2—3 轴的顺序使工业机器人回到机械原点位置，进行转数计数器更新，具体操作步骤见项目一中任务三的项目实施。

二、创建工作站工具数据

利用示教器操作，在手动模式下，完成安装在工业机器人第 6 轴末端吸盘的工具中心点(TCP)、重量，以及重心等参数的设定，并验证其正确性，具体操作步骤见项目二中任务一的项目实施。

三、创建工作站工件数据

在所建工具坐标的基础上，利用示教器操作，在手动模式下，通过三点法完成重叠式码垛工作站工件坐标(X、Y、Z 轴)的设定，并验证其正确性，具体操作步骤见项目二中任务二的项目实施。

四、I/O 板及 I/O 信号配置

按照重叠式码垛工作站给定的要求，利用示教器配置 DSQC 652 板，现场总线为 DeviceNet，I/O 板地址为 10，配置给定的数字输入/输出信号，并完成信号测试，具体操作步骤见项目三中任务一和任务二的项目实施。

五、程序编程与调试

利用示教器完成重复式码垛工作站编程与操作程序的优化任务，具体操作步骤及说明如表 6-6 所示。

重叠式码垛编程优化与操作演示视频

表 6-6　重复式码垛工作站编程与操作程序的优化的具体操作步骤及说明

操作步骤	操作说明	示意图
1	选择"程序编辑器"选项，新建模块"Module1"	
2	选择"新建例行程序"选项，新建"main"程序	
3	单击"主菜单"按钮，然后选择"程序数据"选项	
4	双击"num"	

(续表)

操作步骤	操作说明	示意图
5	单击"新建"按钮	
6	创建新变量"n_x"	
7	重复上述步骤，建立"n_x""n_y""f_x""f_y""f_z"变量	
8	单击"文件"按钮，选择"新建例行程序"选项，创建一个新的"Pickup"子程序	

(续表)

操作步骤	操作说明	示意图
9	单击"…"按钮	
10	单击"添加"按钮，选择"添加参数"选项	
11	创建参数"x"，分别将"数据类型"和"模式"设置为"num"和"输入"，单击"确定"按钮	
12	用同样的方法创建参数"y"，分别将"数据类型"和"模式"设置为"num"和"输入"，单击"确定"按钮	

（续表）

操作步骤	操作说明	示意图
13	单击"确定"按钮，完成带参子程序"Pickup"的建立	
14	单击"文件"按钮，选择"新建例行程序"选项，创建一个新的"Placedown"子程序	
15	用同样的方法创建参数"z"，分别将"数据类型"和"模式"设置为"num"和"输入"，单击"确定"按钮	
16	单击"确定"按钮，完成带参子程序"Placedown"的建立	

操作步骤	操作说明	示意图
17	新建例行程序"main"，单击"添加指令"按钮，添加"MoveAbsJ"指令	
18	双击"*"	
19	选择"新建"选项	
20	将名称修改为"phome"，再单击"确定"按钮	

（续表）

操作步骤	操作说明	示意图
21	单击"例行程序"按钮	
22	双击"Pickup"子程序进行编程	
23	操作示教器，将工业机器人末端移动至取料点	
24	单击"添加指令"按钮，添加"MoveJ"指令	

(续表)

操作步骤	操作说明	示意图
25	双击"*"	
26	单击"功能"按钮,选择"Offs"选项	
27	选择"新建"选项	
28	修改名称为"Pick",单击"确定"按钮	

(续表)

操作步骤	操作说明	示意图
29	将"x""y""60"依次填入<EXP>中	
30	将"v1000"和"tool0"修改为"v200"和"MyNewTool",再单击"确认"按钮	
31	将"z10"修改为"fine"	
32	单击"添加指令"按钮,添加"Set Absorb_On;"和"WaitTime 1;"语句	

操作步骤	操作说明	示意图
33	添加"MoveJ Offs(Pick,x,y,60),v200, z10, MyNewTool;"语句	
34	单击"例行程序"按钮,双击"Placedown"子程序进行编程	
35	操作示教器,将工业机器人末端移动至码垛放置点	
36	添加"MoveJ Offs(Place,x,y, 60+z), v200, z10, MyNewTool;"语句	

操作步骤	操作说明	示意图
37	添加"MoveL Offs(Place,x,y, z), v200, fine, MyNewTool; Reset Absorb_On;WaitTime 1;"语句	
38	添加"MoveJ Offs(Place,x,y, 60+z), v200, z10, MyNewTool;"语句	
39	单击"例行程序"按钮,双击"main"程序	
40	单击"添加指令"按钮,添加循环指令"FOR"	

操作步骤	操作说明	示意图
41	单击"下方"按钮	
42	添加"FOR reg1 FROM 1 TO 18 DO"语句	
43	单击"添加指令"按钮，选择"ProcCall"指令	
44	选择"Pickup"子程序，单击"确定"按钮	

（续表）

操作步骤	操作说明	示意图
45	将"n_x""n_y"依次输入"Pickup"子程序中	
46	选择"Placedown"子程序，将"f_x""f_y""f_z"代入依次输入"Pickup"子程序中	
47	单击"添加指令"按钮，选择"IF"指令	
48	在条件中输入"n_y<200"，单击"确定"按钮	

（续表）

操作步骤	操作说明	示意图
49	单击"添加指令"按钮，选择":="选项	
50	添加"n_y :=n_y+50;"语句	
51	双击"IF"程序段	
52	单击"添加 ELSE"按钮，再单击"确定"按钮	

（续表）

操作步骤	操作说明	示意图
53	选择"<SMT>"	
54	添加"n_y:=0; n_x:=n_x+70;"语句	
55	单击"添加指令"按钮，选择"IF"选项	

56	添加以下语句：
	IF f_y > -80 THEN
	　　f_y := f_y - 40;
	ELSE
	　　f_x := 60;
	　　f_y := 0;
	ENDIF
	完成放码垛的 x、y 方向偏移位置计算程序	

(续表)

操作步骤	操作说明	示意图
57	单击"添加指令"按钮，选择"IF"选项	

58	添加以下语句：
	IF reg1 MOD 6 = 0 THEN
	    f_z := f_z + 10;
	    f_x := 0;
	    f_y := 0;
	ENDIF
	完成放码垛的 z 方向偏移位置计算程序	

🔍 任务评价

任务内容：重复式码垛工作站编程优化与操作   测评人：

考核内容		标准分	实际得分
末端工具安装及转数计数器更新	工具安装是否正确	3	
	转数计数器更新操作是否正确	7	
建立工具坐标系	创建工具坐标方法是否正确	3	
	能否正确验证工具坐标	2	
	创建工件坐标的方法是否正确	3	
	坐标轴方向是否正确	2	
配置并测试 I/O 信号	I/O 板配置是否正确	2	
	I/O 信号配置是否正确	5	
	I/O 信号关联及仿真测试是否正确	3	
重叠式码垛程序优化编写	工业机器人操作过程是否正确	5	
	程序数据创建是否正确	5	
	优化程序编写是否规范	5	
	点位示教是否完整	5	

（续表）

考核内容		标准分	实际得分
重叠式码垛程序优化调试	末端工具抓取调试是否正确	5	
	工件抓取调试是否正确	5	
	工件放置调试是否正确	5	
	能否手动完成重叠式码垛任务	15	
	能否自动完成重叠式码垛任务	15	
安全文明操作	是否遵守操作规程及操作结束是否清理现场	5	
总计		100	

习　题

一、填空题

1. MOD 用于计算_____和_____的条件表达式。

2. FOR i FROM 1 TO 10 DO

　　　　Routine1;

　　ENDFOR

该表达式表示的含义为_____。

3. 在一个 FOR 循环中，如果初始值为 i = 5，结束值为 i = 15，步长为 i = i + 2，则循环将执行_____次。

4. 在计算 12 MOD 5 的结果时，得到的余数是_____。

5. X := 0;

　FOR i FROM 6 TO 10 STEP 2 DO

　　　X := X + i;

　ENDFOR

　X 最终的值是多少_____。

二、选择题

1. 当一个或多个指令重复多次时，可使用 FOR 指令，FOR 指令是(　　)指令。

　　A. 循环　　　　　　B. 循环递增减　　　　　C. 偏移　　　　　　D. 判断

2. Step value 设置循环计数器在各循环的增量(或减量)值(通常为整数值)。如果未指定该值，则自动将步进值设置为(　　)，如果起始值大于结束值，则设置为(　　)。

　　A. 1，−1　　　　B. 0，−1　　　　　C. 1，0　　　　　　D. −1，1

3. 在 FOR 循环中，若初始值为 j = 1，步长为 j = j * 2，并且当 j 超过 10 时退出循环，则循环将执行(　　)次。

　　A. 2　　　　　　B. 3　　　　　　　C. 4　　　　　　　D. 5

4. MOD 指令的数据类型为(　　)。

　　A. int　　　　　　B. num　　　　　　C. signaldo　　　　D. robtarget

5. 当 n 是大于 1 的整数时，n MOD n 的结果是(　　)。

　　A. 0　　　　　　B. 1　　　　　　　C. n　　　　　　　D. n-1

三、判断题

1. FOR 循环的结束值必须大于起始值才能执行循环体。　　　　　　　（　　）

2. 若 a MOD b = 0，则 a 一定是 b 的倍数。　　　　　　　　　　　（　　）

3. reg1:=14MOD4 的表达式的返回值为 2，即 regl 的值为 2。　　　　（　　）

4. FOR 循环的结束条件必须是一个布尔表达式。　　　　　　　　　（　　）

5. 在 FOR 循环中，如果步长设置为 0，则循环将无限执行。　　　　（　　）